水库大坝渗漏探测技术与应用

李广超　毋光荣　耿瑜平　著

黄河水利出版社

· 郑 州 ·

内 容 提 要

本书共分七章,主要内容有我国水库现状与存在的问题、大坝的类型、大坝渗漏原因分析、大坝的防渗、大坝渗漏探测方法、渗漏探测工程实例、防渗除险加固实例。适用于水工物探、水文地质、水库管理人员参考使用,也可作为高等院校相关专业师生参考用书。

图书在版编目(CIP)数据

水库大坝渗漏探测技术与应用/李广超,毋光荣,
耿瑜平著. —郑州:黄河水利出版社,2015.9
ISBN 978 - 7 - 5509 - 1242 - 7

Ⅰ.①水… Ⅱ.①李…②毋…③耿… Ⅲ.①水
库 - 大坝 - 水库渗漏 - 探测技术 Ⅳ.①TV698.2

中国版本图书馆 CIP 数据核字(2015)第 218991 号

出 版 社:黄河水利出版社
    地址:河南省郑州市顺河路黄委会综合楼 14 层   邮政编码:450003
发行单位:黄河水利出版社
    发行部电话:0371 - 66026940、66020550、66028024、66022620(传真)
    E-mail:hhslcbs@126.com
承印单位:河南省瑞光印务股份有限公司
开本:787 mm×1 092 mm   1/16
印张:7.5
字数:173 千字   印数:1—1 000
版次:2015 年 9 月第 1 版   印次:2015 年 9 月第 1 次印刷
定价:32.00 元

前　言

　　水资源是人们赖以生存的自然资源之一,自古以来河流两侧是人类最重要的繁衍生息之地,我国有名的两河文化之一——母亲河黄河更是贯穿着人类的发展史。水给人们的生活带来便利的同时,也给人们带来了无数的灾难,历史上黄河数次决堤使沿岸村庄房倒屋塌,良田被毁,无数的百姓背井离乡,饿殍遍野。因此,人们自古以来非常重视对水的治理,封建时期就有了专门治理河道的衙门,隋唐期间的运河就已经鼎鼎大名,秦代都江堰也是古代人们治理河流杰出成就的代表。

　　我国人口在 20 世纪 80 年代急剧膨胀,对水资源需求量也就越来越大。另外,我国水资源分布非常不均衡,不仅体现在地域上,还体现在季节上。其原因是我国幅员辽阔,南北跨几个气候带,东西地形起伏差异大,造成了一些地区丰水期可能形成涝灾,枯水期却又可能使河流干枯见底,对工农业的生产和人民的生活造成了很大不便,已经在一定时期成了影响国民经济的主要因素。据有关资料统计,我国目前有 16 个省(区、市)人均水资源量(不包括过境水)低于严重缺水线,有 6 个省(区)(宁夏、河北、山东、河南、山西、江苏)人均水资源量低于 500 m^3。中国水资源总量排在世界第 6 位,而人均占有量 2 240 m^3,在世界银行统计的 153 个国家中排在第 88 位。中国水资源地区分布也很不平衡,长江流域及其以南地区,国土面积只占全国的 36.5%,而水资源量占全国的 81%;其以北地区,国土面积占全国的 63.5%,而水资源量仅占全国的 19%。

　　水资源包括河流、湖泊、地下水、降水等。我国地域辽阔,东西南北延绵几千千米,南北跨越几个气候带,地势影响河流、湖泊等地表水资源在一个区域的存留状态,地表水是地下水有力的补给来源。降水量是影响水资源分布的一个很重要的因素。1998 年长江流域的洪水牵动了全国亿万人民的心,给国家造成了巨大的损失;在黄河开始调水调沙之前,黄河下游经常断流,给山东人民的生产生活带来了很大的影响;2010 年原本水资源丰富的黔西南地区遭遇百年不遇的干旱,全国上下齐动员展开了抗旱救灾活动。

　　在我们这样一个水资源缺乏和自然灾害频发的国家,合理开发利用水资源就显得尤为重要,不论是农业灌溉用水、人畜饮用水,还是经济建设工业用水,都需要人为地调控才能达到最佳的利用,其中水利基础建设是主要的调控手段。为了让水资源按照人们的意愿进行分配使用,我国进行了一系统的水利开发,举世闻名的长江三峡、黄河小浪底已经安然运行,南水北调中线项目也在轰轰烈烈的进行着,目前我国已是拥有水利设施数量最多的国家之一。新中国成立以来,特别是改革开放以后,我国几代领导人高度重视水电开发,水电建设迅猛发展、日新月异。经过几代水电建设者的不懈奋斗,到 2010 年我国水电装机容量已经突破 2 亿 kW 大关,成为世界水电第一大国。

　　我国河流众多,流域面积在 100 km^2 以上的河流有 50 000 多条,流域面积在 1 000 km^2 以上的河流有 1 500 多条。新中国成立后,国家对农田基本水利设施极其重视,先后修建了很多的小型水库,同时水电站的建设也蓬勃发展,多数河流利用地形条件实现了梯级开发,充分利用了水资源和自然赋予的能量造福人类。据资料,我国现有各类水库8.7万座,坝高15 m以上的大坝约1.8万座,水库总库容约5 842亿 m^3。其中,大型水库445座、中型水库2 800余座、小型水库82 000余座,建成的总库容相当于我国河流总径流的1/6,是我国广泛采用的防洪工程措施。在防洪区上游河道适当位置兴建能调蓄洪水的综合利用水库,利用水库库容拦蓄削减进入下游河道的洪峰流量,使洪峰的峰值变小,延长过流时间,达到保护堤防减免洪水灾害的目的。水库对洪水的调节作用有两种不同方式,一种起滞洪作用,另一种起蓄洪作用。水库结合河道堤防工程在防洪减灾中发挥着不可替代的作用。

以1998年长江流域特大洪水为例,洪峰流量、洪峰水位均和1954年的洪水接近,但洪水引发的洪灾损失比1954年小得多,其中重要的原因就是丹江口、葛洲坝、二滩、宝珠寺等一大批水库调节洪水、削减洪峰,为减少洪灾损失做出了不可磨灭的贡献。据统计,1998年全国共有1 335座大中型水库参与拦洪削峰,蓄洪量达532亿 m^3,减少农田受灾面积213.75万 hm^2,使200余座城市免遭洪水浸淹,减灾效益达7 000亿元。

水库不仅能够防洪,而且在农业灌溉方面同样能够发挥巨大的作用。我国有80%的水库以灌溉为主,还有很多水库是远距离向城市供水,满足城市居民的日常生活用水和城市工业运转所需的水源供应,比如北京的密云水库、天津的潘家口水库等,我国有100多个大中城市完全依靠水库供水。因此,确保水库水坝安全运行,保证工农业及居民生活用水显得尤为重要。

作 者

2015年7月

目　录

第一章　我国水库现状与存在的问题

人们在生产生活过程中为了利用水资源或调节洪峰,采用筑坝技术蓄积水源成为水库,这些水库大坝可以为周边的农业、工业活动提供便利,为电网输送电能,利国利民。在新中国成立初期,国民经济以农业为主,很多水库建设的目的就是利于农业灌溉。因此,当时的水库从设计到施工和用途都比较简单,大多数是低坝低水头。随着国民经济和科学技术的发展,电力、防洪、民用灌溉、工业用水等综合需求不断扩大,而易于开发的水资源越来越少,加上国家越来越重视工程的安全性,使得水库的设计施工越来越复杂,形成了又高又复杂的高坝高水头。

随着水利设施的不断开发建设,具有良好的地质条件、易于建坝建库的坝址已经被率先利用,剩下的多数是地质条件比较差的,在这种地方因需要灌溉和发展经济,对建坝需求很大,所以也建起了水库大坝。这些水库大坝对于受益区域来说是宝库,对于下游区域来说却是一个很大的潜在威胁,已经成了下游居民头顶的巨大隐患,一次溃坝可能造成数万、数十万、数百万人流离失所。这就要求前期的地质勘察更加科学严谨,对于施工质量等验收更加严格,同时对建成大坝运行期的安全也要密切监测关注。

根据水利部公布的数据:从 1954 年有溃坝记录以来,全国共发生溃坝的水库 3 515 座,其中小型水库占 98.8%。人类历史上最惨烈的溃坝事件发生在 1975 年的淮河流域,河南省驻马店地区包括板桥、石漫滩两座大型水库在内的数十座水库漫顶垮坝,1 100 万亩❶农田被淹,1 100 万人受灾,超过 2.6 万人死亡,大坝及其建筑物的安全已成为水利部门面临的首要问题。国家有关部门也很重视大坝的安全性,对于已建成的老坝定期进行安全鉴定,并制定了相应的规范,《水库大坝安全鉴定办法》(水建管〔2003〕27 号)从 2003 年 8 月 1 日起执行。

第一节　我国水库的现状

随着水电开发的不断发展,我国水库大坝的数量也在不断地创新高。据资料显示,我国现有各类水库 8.7 万座,坝高 15 m 以上的大坝约 1.8 万座,水库总库容约 5 842 亿 m^3,库容大于 100 亿 m^3 的水库有 12 座,它们在防洪减灾中发挥着不可替代的作用。但由于我国水库建设跨过了不同的时代,工程质量参差不齐,长期运行后安全问题突出。在 20 世纪 50 ~ 70 年代,中国完成了水利工程建设的"大跃进",成为世界上水库数量最多的国家之一,而现有的水库,大部分建于那个时期,水利工程的大建设在新中国成立初期确实为国家的农业发展做出了巨大的贡献。受技术水平和经济条件的限制,当时建的大坝多为土石坝,寿命大约是 50 年,以中小型为主,多数为农业服务,现在多数是超龄服役,加上

---

❶　1 亩 = 1/15 hm^2。

运行期管理不到位、修补不及时等因素造成了现在的病险水库较多。

我国病险水库数量多、分布广、险情较严重，而且病险状况越来越严峻。根据2000年底统计，由水利系统管理的8.37万多座水库中，防洪标准、工程质量都存在问题的三类坝（病险坝）有3.04万多座，约占大坝总数的36%，其中小型坝2.91万座，约占病险坝总数的95.7%。近年来，全国很多地区小型水库频频发生垮坝事故，给国家和人民生命财产造成严重损失，小型水库的安全状况不容乐观。据1954~2003年统计资料，全国各类水库垮坝失事3 484座，其中超过96%为小型水库，平均每年近70座。

1975年"板桥事件"之后，曾展开了一次全国水库大坝安全检查，结果是1/3的水库大坝不安全。当时制订计划，要在十年时间里全面治理全国的病险水库，国家因此进行了大规模的投资。在1998年的长江洪水之后，水利部再一次组织力量进行普查，普查的结果是病险水库在50%以上。尽管20世纪90年代中期以来，国家加大了对小型水库除险加固的力度，但收效不大，迄今为止，小型水库病险率仍在30%以上。

江西省水库数量居全国第二位，拥有各类水库9 731座，其中大型水库25座，中型水库232座，小(1)型水库(库容100万~1 000万 m^3)1 434座，小(2)型水库(库容10万~100万 m^3)8 040座。这些水库大多建于20世纪50~70年代，普遍存在标准偏低、施工质量不高、设施不完备等问题，又经过三五十年的运行，水库设施普遍老化，许多水库大坝存在坝体渗水、坝身薄弱、涵管破损淤塞等诸多安全隐患，严重威胁下游人民群众的生命财产安全。

截至2011年，安徽省现有在册的水库4 669座，其中大型水库13座，中型水库104座，小型水库4 552座。2005年，安徽省曾对全省水库进行了普查和安全鉴定评估，全省水库中有1 898座水库病险情况较为严重，其中小型水库有1 820座。

截至2010年末，吉林省已建成各类水库1 618座，水库总库容97.2亿 m^3。目前全省正在进行除险加固建设的小(1)型水库有64座。经过多年建设，全省安全状况较好的水库有522座，全省还有1 096座水库存在不同程度的病险问题，占水库总数的67.7%。

国家有关部门已经开始重视这些问题，2011年中央一号文件强调，巩固大中型病险水库除险加固成果，加快小型病险水库除险加固步伐，尽快消除水库安全隐患，恢复防洪库容，增强水资源调控能力，推进大中型病险水闸除险加固。

根据国务院常务会议的部署，2012年底前，完成5 400座小(1)型水库除险加固任务，每座水库平均投资约450万元，总投资约244亿元，其中中央财政补助投资168亿元。2013年底前，完成坝高10 m以上、库容20万 m^3以上的1.59万座重点小(2)型水库除险加固任务，每座水库平均投资约240万元，总投资381.6亿元，全部由中央财政安排。2015年底前，完成其余2.5万座小(2)型水库除险加固任务，所需资金由地方安排。对新出现的大中型病险水库，加快推进除险加固工作，力争2013年底前完成。

2011年水利部副部长矫勇介绍，中国现有小型水库8.2万多座，大多建于20世纪50~70年代，由于历史原因，中国小型水库普遍存在工程标准偏低、建设质量较差、老化失修严重、配套设施不全等一系列问题，致使水库安全隐患严重，制约着水库效益的发挥。水利部部长陈雷说，从2008年起利用3年时间完成大中型和重点小型病险水库除险加固任务。截至2011年底，累计安排投资700多亿元，如期完成了7 357座大中型和重点小型水库除险加固任务,其数量和投资强度都远超过历史上任何时期。

我国大部分中小型水库是 20 世纪 50~70 年代由群众施工建造而成的,没有经过严格的勘察设计,施工质量水平低下,且基本上没有施工过程中的质量监督控制,很多水库出现了质量问题,如坝底清基处理不彻底,有些混凝土结构中沙料为当地不符合标准的土沙等现象。诸多情况都影响了水库的正常使用,同时这些小型水库常常防渗体系不完善,据统计,全国大概有 1.8 万座小型水库存在不同程度的渗流问题。导致大坝渗漏的原因众多,加大了病险水库改造工作的难度。

第二节　我国水库存在的问题

一、病险水库多

全国多数的小型水库都存在着这样或那样的病险,而且数量多,特别是一些水利建设大省,病险水库占的比例和绝对数量也多。2012 年 6 月 1 日,国家防汛抗旱总指挥部办公室(简称防总)副总指挥、水利部部长陈雷在国家防总 2012 年全国水库安全度汛异地视频会议上指出,2011 年全国水库安全度汛的成绩良好,但目前全国仍有 4 万多座小型水库存在病险问题。很多水库已经不敢蓄水,让水资源白白地流走,在需要水时还要抽取地下水,形成了巨大的浪费。

近年来,各地陆续对病险水库进行安全加固处理,受资金的制约,在治理的时候往往没有从源头上进行地质勘察和除险加固设计,制订科学的治理方案,只是看到哪里有问题就简简单单地治理哪里的问题,往往是治标不治本,没有从根本上消除隐患。一些地区的水利部门也意识到了这些问题的严重性,多方筹措资金进行除险加固,在水利部的指导下,一段时间国内水利行业的除险加固成了主题,但尚未进行除险加固安全改造的小型水库还有数万座,这说明小型水库的除险任务仍非常艰巨。部分地区已经展开了有计划的除险加固工作,按轻重缓急和险情严重程度安排经费,重新进行勘察设计,加固处理。

二、运行管理重视不够

我国的水库实行统一管理、分级负责的制度,国家投资水库库容达到 1 000 万 m³ 以上的由市人民政府水行政主管部门设立水库管理单位,库容在 10 万 m³ 以上不足 1 000 万 m³ 的由县人民政府水行政主管部门设立水库管理单位或配置管理人员;农村集体经济或其他投资建设的经济组织投资的水库由投资者设立水库管理部门或配置管理人员。

由于管理部门的不同,所处区域的经济发展程度参差不齐,周边可以协调利用的资源也多少不一,很多地方管理的水库缺乏长效的资金来源,不仅严重影响了防洪安全,也降低了水库应有的工程效益。一方面我国各级财政基本上没有面向小型水库的定量的财政投入机制;另一方面小水库可利用的资源相当有限,自身产出难以满足管理经费的需要。这就造成了管理人员缺乏,有的水库就雇用几个值班的人员,有的甚至连基本的值班人员也没有,那么日常的巡检等就更不用说了。长此以来,大坝的重要水工建筑物损坏,根本就没有观测、监测设备或有了也已经损坏无法使用,没有值班人员就更没有日常的维护管理、水文资料的收集整理、库水位的运行情况记录等,还有些水库就算有值班人员,但管理制度缺失,没有制订应急预案,甚至险情发生时也无人知晓。

在现有水库运行管理中,有些单位没有把主要精力集中在安全运行和发挥效益方面,不支持技术管理。例如:在观测方面,据 20 世纪 80 年代末统计,全国大型水库还有 40% 未设观测设施或已设观测设施但不能满足监测土石坝安全工作的需要。在调度运用方面,有的水库从不编制调度运用计划,有的水库即使编制了调度运用计划,也往往被"长官意志"所代替。70 年代末,甘肃省党河中型水库超汛限水位运行,不重视安全,造成了漫坝失事。1993 年汛期,青海省沟后水库也是在超汛限水位运行下溃坝的。在养护维修方面,多数水库由于经费短缺,维修工作难以进行。随着水库寿命的增长,诸如材料老化、洪水、地震、泥沙淤积及其他破坏活动等,都有可能增加工程事故和失事的概率。

三、库区泥沙淤积严重

我国境内以黄河为代表的许多河流含沙量大,这些河流大部分都流经水库,最后流入大海。在流经水库时水流减缓等原因造成了很多水库的严重淤积问题。多数水库淤积后的库容已经远小于正常运行库容,同样的运行水位却没有了应有的库容,相当于降低标准使用,但运行的风险并不减少一点,降低了水库的防洪滞洪能力。水库淤积将使水库回水区的河道水位升高,相应抬高周围地区的地下水位,这样就可能导致这些地区土地的盐渍化;由于淤积,加大了水库的坡降,使库内水位不断抬高,因而使库水和它引起的再淤积不断上延,引起新的淹没与浸没。据甘肃省水利厅的相关统计资料,甘肃省的水库淤积现象相当严重,小型水库已淤积库容占总库容的 27%,部分严重的甚至已被淤泥填满。我国其他省份的水库也存在类似情况。

2009 年渭河流域发生了严重的水灾,据陕西省委、省政府统计,陕西全省有 1 080 万亩农作物受灾,225 万亩绝收,受灾人口 515 万,直接经济损失达 82.9 亿元,是渭河流域 50 多年来最为严重的洪水灾害。究其原因主要是渭河在潼关汇入黄河,如果黄河的水位高,渭河的水流就会变慢,水中挟带的泥沙会大量沉淀,形成严重淤积。可以说,渭河泥沙淤积是否严重,关键要看潼关一带的黄河水位是高还是低,而决定潼关水位高低的,又是它东面 100 多 km 处的三门峡水库。

水库泥沙的大量淤积也成了水库运行的一个主要病害,部分水库的闸门的提升受到影响;坝前的淤积阻碍水流进入发电机,增加进入叶轮的泥沙量,磨损发电设施,严重的将会影响水库的整体功能,再过几年,一些水库可能面临水库淤满填平、失去存在价值的局面。黄河小浪底水利枢纽的淤积也很严重,黄河水利委员会实行统一调度黄河水资源,每年会组织调水调沙,对水沙进行有效地控制和调节,变水沙不平衡为相适应,更好地排洪、排沙入海,减轻下游河道的淤积,甚至达到不淤。

四、水库长期运行缺乏安检

20 世纪 50 ~ 60 年代是水利工程建设的高峰,多数小型水库是在那个时代建设起来的,在建设时,有些水库没有经过严格的审批程序;工程施工时,抢进度、忽视质量;工程完工后,又多数未进行竣工验收;投入运行后,又缺乏经常维护,不具备安全监测手段,过去曾有相当一部分水库处于无人管理的状态,溃坝失事造成严重的损失,一度引起各级领导的重视,已经得到了根本的扭转。半个多世纪的连续运行带来一系列的问题,水库大坝的各种病害就会随着时间的推移而相继出现,各种小病害的出现没有得到及时治理,累积起来就有可能成为病险水库,这给大坝的安全带来了隐患,需要及时排查除险;一些水库的观测设施缺乏或者破坏,或者闲置;水库的日常维护管理仅仅依靠人工的巡查有时候还很难发现。2003年水利部修订的《水库大坝安全鉴定办法》规定大坝实行定期安全鉴定制度,首次安全鉴定应在竣工验收后5年内进行,以后应每隔6~10年进行一次。运行中遭遇特大洪水、强烈地震、工程发生重大事故或出现影响安全的异常现象后,应组织专门的安全鉴定。安全鉴定的重要性毋庸置疑,是保证水库正常运行、发现安全隐患的重要措施,需要对现有的水库重视起来,进行安全鉴定排除隐患。大坝安全评价包括工程质量评价,大坝运行管理评价,防洪标准复核,大坝结构安全、稳定评价,渗流安全评价,抗震安全复核,金属结构安全评价和大坝安全综合评价等方面,做到有问题及时发现、及时处理,使大坝健康运行,能够正常地发挥抗洪的功能,保障下游人民的生命财产安全。

第三节　水库大坝存在的主要病害问题

一、防洪标准偏低

大坝坝顶高程偏低或泄洪建筑物的泄水能力不足,其主要原因如下:

（1）原来参照的设计洪水标准本身偏低,现行规范经过多次修改,调整补充了过去规范中不适宜的部分,另外部分流域经过了多年水文资料的收集,提高了洪水标准。

（2）泄水建筑物因原设计的过流断面偏小或经过后期运行泥沙淤塞等原因,其排泄能力达不到标准。

（3）泄水建筑物存在安全隐患,部分库区的泄洪闸门被泥沙淤积,启闭机不能正常工作,起不到正常泄洪的作用。

（4）周边环境的变化使得泄水建筑物下游无法泄洪等。

二、水库大坝稳定性差和强度低

土坝坝坡滑动,重力坝及拱坝结构变形、裂缝等,其主要原因是:

（1）原有土石坝坝坡偏陡。

（2）土石坝坝体填筑质量差,坝体填料抗剪强度偏低,影响坝体抗滑稳定。

（3）重力坝由于材料老化和地基条件恶化,沿建基面或基础深层结构面抗滑稳定性不够。

（4）浆砌石坝砌筑质量差,影响大坝整体性。

（5）混凝土或浆砌石坝和重力坝坝基帷幕和排水失效或部分失效,造成大坝扬压力升高。

三、大坝渗漏严重

土石坝长期存在渗漏、管涌、散浸、流土等，坝前存在大量的地面流水和喷水，重力坝、拱坝坝体渗漏出现析钙，其主要原因如下：

（1）土石坝土质防渗体渗透性不满足规范要求。

（2）土石坝下游无排水棱体或失效。

（3）土石坝坝基、坝肩清基不彻底，坝基基础没有采取渗控措施或防渗措施设计不合理，没有起到应有的效果。

（4）浆砌石坝砌体不密实，上游防渗面板混凝土裂缝，止水破坏。

（5）重力坝混凝土施工质量差，混凝土存在蜂窝、空洞、裂缝等，导致大坝渗漏；坝体结构接缝灌浆质量不好，造成大坝结构整体性差，或由于设计时没有考虑库水水质对混凝土的侵蚀作用，经过几十年的运行，混凝土及帷幕灌浆的钙质大量流失，防渗能力下降。

（6）施工方案不合理或拱坝坝肩基础处理不完善，导致坝体两端拱座附近出现竖向贯穿坝体上下游的裂缝，或坝体坝基防渗处理不完善造成拱坝坝体坝基渗漏或坝肩绕坝渗漏。

四、闸门、启闭机设备老化、锈蚀严重

部分闸门高度不满足挡水要求，闸门变形、锈蚀、结构强度不足，启闭机不能正常启闭，其主要原因如下：

（1）部分水库在建坝时，因为水文资料匮乏及后来的变化，现在复核时闸门高度不满足要求，或水库调度的改变，闸门的高度不够。

（2）闸门长期运行老化，锈蚀严重，导致结构构件截面面积减小，结构强度、刚度、稳定性降低，承载力下降，使构件产生变形。

（3）启闭机老化、启闭力不足，闸门的启闭设备生锈或不灵活，影响闸门的正常启闭。

五、管理制度不完善和监测设施陈旧

（1）水库无经审批的防洪兴利调度运用规程，或没有按照审批的规程进行水库调度。

（2）管理制度不完善，运行机制不健全。

（3）水库的水文测报、大坝观测系统不完善，或监测设施陈旧、失效、损坏严重，甚至没有水文观测设施。

（4）运行管理人员技术水平差，责任心不强，管理监测手段落后。

（5）管理经费缺乏，工程缺乏维护更新。

第二章 大坝的类型

根据建筑材料和结构形式划分,大坝的主要类型有土石坝、混凝土拱坝、混凝土重力坝和重力拱坝、混凝土支墩坝、几种混合组成的坝。

第一节 土石坝

土石坝是指利用当地土料、石料或混合料,经过抛填、辗压、夯实等方法堆筑成的挡水结构。土石坝是历史最为悠久的一种坝型。早在公元前 600 多年,我国就开始了填筑堤坝,防御洪水,比如安徽的芍坡。土石坝在 20 世纪 50 年代得到了长足的发展,国内已建成的大坝 90% 左右是土石坝。土石坝是比较经济的一种坝型,用的基本是天然材料,它的经济性只有在建筑物开挖料、坝址附近的土石料能充分利用的条件下才能体现出来,如果料场较远,经济性就大打折扣。

土石坝的类型,按不同的角度有多种不同的分类方法,目前比较流行的主要是按筑坝材料、施工方法和防渗体形式进行分类。

一、按筑坝材料分类

土石坝按筑坝材料分为土坝、土石混合坝、堆石坝。

填筑坝体的材料以土、砂砾为主的坝称为土坝,其坝体绝大部分由土料筑成,但由于土的松软特性,这样的大坝在大中型水利枢纽中并不多见,毛家村水库土坝位于云南省东北部的会泽县以礼河的中游,是世界第二、亚洲第一大土坝。填筑坝体的材料以石渣、卵石、爆破石为主的坝称为堆石坝,2009 年竣工的湖北清江水布垭水电站属于混凝土面板堆石坝,最大坝高 233 m,坝顶宽 12 m,坝轴线长 584 m。按照相当比例由土石混合堆筑的坝称为土石混合坝,位于乐昌市武江上游廊田河支流上的龙山水库就是土石混合坝。在土石坝的建设中,较大型的土石坝下一般由多种结构形式组合,所用的材料也往往是非均质的,砂砾石材料一般情况需要进行分选级配,石料来源比较广泛,可以是河流漂石,也可以是山麓堆积以及开采石料,在工程的决策阶段就要包括这项勘察,因为填筑主体的材料的材质、储量、距离、交通条件等因素有着举足轻重的作用。兴建土石坝不仅需要对坝址基础进行勘察,还需要调查天然材料和进行力学试验。

二、按施工方法分类

(一)碾压式土石坝

碾压式土石坝是由适宜的土石料分层填筑,并用压实机械逐层碾压而成的坝型。随着碾压技术的发展,越来越多的土石料可以用于大坝,按照设计的要求,在经济性对比后,各种天然料和人工料配合加工形成新的填筑石料。这种坝在施工过程中,一般是分层碾压,但因为施工的特点也可以分段碾压,分段碾压要保证接缝处的碾压质量,避免交接带漏压或欠压,要做到彼此搭接不小于 1 m,均衡上升。近 20 多年来,随着大型碾压机械的采用,这种坝型得到最广泛的应用。

(二)水力冲填坝

水力冲填坝是利用水力和简易的水力机械完成土料开采、运输和填筑等主要工序而筑成的坝型。具体地说,就是用高压水枪驱动高压水流向料场的土料喷射冲击,使之成为泥浆,然后通过泥浆泵和输浆管把浆液输送到坝体预定位置分层淤积、沉淀、排水和固结后形成的坝型。在施工中解决了土源短缺、施工条件差、机械设备成本大、雨季不能施工等问题,但也存在一些其他问题,受条件限制只能填筑中小型堤坝。水力充填坝含细砂颗粒多,需要全面的衬砌,且施工质量难以保证。

我国西北地区创造的水坠坝与这种坝型的施工原理相似,其料场位于坝顶高程以上的山体,泥浆输送是利用浆液的重量经沟渠自流到坝面,因而有学者也把水坠坝归类为水力冲填坝。

(三)水中填土坝

水中填土坝是将易于崩解的土料分层倒入静水中,依靠土体自身重量和运输工具压实而成的。施工时,一般在施工面上围埝分格,并在格中灌水倒土逐层填筑。河南省淮河流域沙颖河水系沙河干流白龟山水库有部分坝段是水中填土。广东省利用含砾风化黏性土(主要是花岗岩、砂岩、片麻岩等风化土层)用水中填土方法来填筑土坝比较成功,是当地比较喜欢使用的填筑方法。适用于水中填土筑坝的土料有:黄土和类黄土、砾质风化土、风化砂砾土、壤土等。

(四)定向爆破土石坝

定向爆破土石坝是在坝肩山体的预定位置开挖洞室,埋放炸药引爆,使土石料按照物体平抛运动的轨迹抛到预定的设计位置,完成大部分坝体填筑,再经过加高修复而形成的坝型。

这种筑坝方法由于爆破力很大,可能造成坝址附近地质构造破坏,因此一般较少采用。这种方法是 20 世纪 30 年代苏联首先采用的,如 72 m 高的防泥石流的梅德奥坝等。我国已建成这种土坝或堆石坝有 40 余座,最高的有陕西石砭峪水库大坝,坝高 82.5 m;广东乳源南水电站的主坝,坝高 81.3 m。

三、按防渗体的形式分类

土石坝按防渗体形式可分为均质坝、土质防渗体分区坝和非土质材料防渗体坝(碾压式)。

(一)均质坝

均质坝绝大部分由均一的土料分层填筑而成。筑坝料多用透水性较小的黏性壤土或砂质黏土。坝体具有防渗作用,因此无须设置专门的防渗措施,如图 2-1(a)所示。

(二)土质防渗体分区坝

土质防渗体分区坝由透水性很小的土质防渗体和若干种透水土石料分区分层填筑而成。黏性土质防渗体设在坝体中部或上游,称为黏土心墙坝或黏土斜心墙坝,如图 2-1

（b）、（c）、（d）所示；设在坝体上游面的称为黏土斜墙坝，如图2-2（a）、（b）、（c）所示。

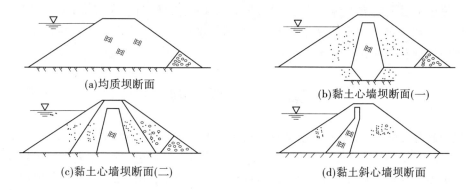

(a)均质坝断面   (b)黏土心墙坝断面(一)

(c)黏土心墙坝断面(二)   (d)黏土斜心墙坝断面

图2-1 黏土心墙坝断面图

此外，还有其他形式的分区坝，如坝体上游部分为防渗土料，下游部分为透水土料的分区坝等，如图2-2（f）所示。

（三）非土质材料防渗体坝

非土质材料防渗体坝的防渗体一般由钢筋混凝土、沥青混凝土或其他非土质材料做成。其中防渗体布置在坝体中央附近的称为心墙坝，如图2-2（d）所示；防渗体布置在上游面的称为面板土石坝，如图2-2（e）所示。在堆石坝中，一般将防渗体设在上游坝面，又称面板堆石坝。

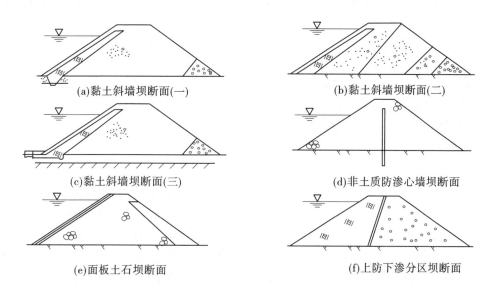

(a)黏土斜墙坝断面(一)   (b)黏土斜墙坝断面(二)

(c)黏土斜墙坝断面(三)   (d)非土质防渗心墙坝断面

(e)面板土石坝断面   (f)上防下渗分区坝断面

图2-2 黏土斜墙坝及其他土石坝

由于土石坝要求的地基承载力比重力坝小得多，从松软的河流冲积层到高强度的沉积岩、变质岩都可以建土石坝，另外土石坝没有刚性的防渗体系和坝体，在建设过程中或建设完成后，能够适应少量的变形，不易被破坏。近代的土石坝筑坝技术发展促成了一批高坝的建设，目前土石坝是世界坝工建设中应用最为广泛和发展最快的一种坝型。塔吉克斯坦的罗贡心墙土石坝是目前世界上最高的土石坝,坝高335 m;小浪底土石坝是中国水利建设史上最大的壤土斜心墙堆石坝,坝高154 m、大坝全长1 667 m、坝顶宽15 m、最大坝底宽度864 m、最大坝体高度154 m。中国的水布垭面板堆石坝是世界上已建和在建的最高面板堆石坝,坝高233 m。

第二节 拱 坝

拱坝起源于欧洲,最早的拱坝是古罗马时代的鲍姆拱坝。拱坝从欧洲向外传播到北美洲。二战后拱坝技术取得了长足的发展,拱坝建造更加普遍,技术更先进的拱坝大量出现。中国虽然在水坝建设上历史悠久,但直到近代才开始有拱坝的建设,我国的第一座拱坝是1927年修建的福建厦门上里浆砌石拱坝,坝高27 m。大量的建设是在20世纪的七八十年代,每年的建设数量在300座以上,拱坝的数量一度达到世界坝量的一半左右。

一、拱坝的分类

拱坝按照建筑材料分类:浆砌石拱坝、混凝土拱坝、钢筋混凝土拱坝。我国的拱坝以浆砌石占较大比重,混凝土拱坝的比重仅占10%左右。

拱坝按照施工方法分类:常态混凝土拱坝、碾压混凝土拱坝、装配式混凝土拱坝、分期施工拱坝。

拱坝按照坝高分类:低坝、中坝和高坝。低坝高度在30 m以下,中坝高度为30~70 m,高坝高度为70~200 m。

拱坝按照坝的厚高比分类:薄拱坝、中厚拱坝和厚拱坝(或称重力拱坝)。薄拱坝厚高比小于0.2,中厚拱坝厚高比为0.2~0.35,厚拱坝厚高比大于0.35。

拱坝按照拱坝垂直向有无曲率分类:在垂直向无曲率或基本没有曲率的称为单曲拱坝,在垂向上有曲率的称为双曲拱坝。这是目前比较重要的分类标准。拱坝采用的曲线有圆弧、椭圆及抛物线等,有些拱坝在建造时采用连续多个续拱,称为连拱坝。

二、拱坝的建造

拱坝的建造需要通过复杂的设计和应力分析,这些坝是较薄的曲线结构,通常由钢筋或预应力钢筋混凝土构成,所需的骨料比重力坝的要少得多,但对坝基及两岸的基岩承载力及抗负荷能力要求很大。拱坝通常建在狭窄的高山峡谷中,筑坝材料的质量很重要,在两岸拱座部位基岩较破碎的地方,需要开挖到完整的基岩部分或者利用混凝土填补成人工支墩。根据拱坝的受力特点,宜修建在河谷较狭窄且地质条件较好的坝址上,坝轴线应选在河谷两岸较厚实的山体上。根据坝址河谷形状选择拱坝体型时应符合下列规定:V形河谷可选用双曲拱坝,U形河谷可选用单曲拱坝。介于V形与U形之间的梯形河谷可选用单曲拱坝或者双曲拱坝。当坝址河谷的对称性较差时,坝体的水平拱可设计成不对称的拱或采取其他措施;当坝址河谷形状不规则或河床有局部深槽时,宜设计成有垫座的拱坝。

拱坝是一种比较复杂的挡水建筑,造成拱坝病害的主要是拱坝地基处理问题、坝身混凝土耐久性、施工和勘测设计过程的主观因素等。地基的处理是主要的,因此拱坝开挖要根据拱坝的规模,尽量置于新鲜或微风化岩体上,对于坝肩岩体的纵波速度一定要进行评估测试,最低要在 3 000 m/s,还要进行加固处理。拱坝建基面附近的岩体是拱坝基础内应力最大的部位,对于不同高度的坝型,要研究建于微、弱风化的哪一个层面,同时建基面的处理要和开挖到的层面相匹配,开挖深度还要考虑坝肩 30°的传力要求和坝肩的宽度要求。

1954 年安徽霍山的佛子岭水库竣工,坝体高 74.4 m,为中国第一座混凝土连拱坝。1956 年安徽金寨建成梅山水库,坝高 88.24 m,为混凝土连拱坝。

第三节　混凝土重力坝

混凝土重力坝是指用混凝土浇筑的,主要依靠坝体自重产生的抗滑力来抵抗上游水压力以及其他外部风力、浮力等合力并保持稳定的坝。世界各国修建于宽阔河谷处的高坝,多采用混凝土重力坝;坝轴线一般为直线,断面形式较简单,便于机械化快速施工,混凝土方量较多,施工中需要严格的温度控制措施;坝顶可以溢流泄洪,坝体中可以布置泄流孔洞。混凝土重力坝横断面是平底的,重心很低,可以不需要两岸的支撑而独立的屹立,与其他利用混凝土的大坝相比,重力坝工程量最大,坝体尺寸大,所需要用的材料多,造价最高;大体积的混凝土施工对温控要求比较严格,但它的优点也很明显,就是结构的作用明确,设计方法简单,安全可靠,对于地形、地质条件的适应能力很强,枢纽的泄洪问题容易解决。

重力坝最简单的一种形式就是坝顶是直的,根据河谷的形态和地下基础的地质条件,有的地方可以建成重力拱坝。这种坝不仅具有重力坝重心低、体积大的有利条件,还具有拱坝固有特性的优点。重力拱坝要求建在坚硬的岩石上,对两岸支座基地的要求比单纯的重力坝的要求高得多。

重力坝按照不同的分类方法可以有不同的名称,不管用怎样的名称、使用哪种分类方法都不会改变重力坝的挡水作用。

(1)按照施工方法分类:常态混凝土重力坝和碾压混凝土重力坝。采用普通混凝土浇筑成型的大坝称作常态混凝土大坝,这种坝体使用混凝土方量较多,刚搅拌出来的普通混凝土表面稀稠,施工中需要严格的温度控制措施,坝顶可以溢流泄洪,坝体中可以布置泄流孔洞;而采用碾压混凝土浇筑成型的大坝称为碾压混凝土坝,碾压混凝土是含特殊材料的混凝土,拌和出来不仅不稀,反显干糙,要经碾压才能成型,碾压混凝土坝施工具有温控措施简单、施工快捷、节约水泥使用量、节约开支等优点。

三峡水利枢纽工程主要建筑物由大坝、水电站、通航建筑物三大部分组成,是迄今为止世界上最大的水利枢纽工程。三峡大坝也是世界上最大的混凝土重力坝,混凝土浇筑量达 1 600 多万 m³。三峡水利枢纽工程坝顶高程 185 m、最大坝高 181 m、坝顶宽度 15 m、底部宽度为 124 m,从右岸非溢流坝段起点至左岸非溢流坝段终点,大坝轴线全长 2 309 m。各坝段布置从右至左依次为:右岸非溢流坝段、右岸厂房坝段、纵向围堰坝段、泄洪坝段等。

红水河上游龙滩水电工程位于广西省天峨县境内,是国内的仅次于长江三峡工程的特大型水电工程。龙滩水电工程主要由大坝、地下发电厂房和通航建筑物三大部分组成。它的建设创造了三项世界之最:最高的碾压混凝土大坝(最大坝高216.5 m、坝顶长836.5 m、坝体混凝土方量736万 m^3),规模最大的地下厂房(长388.5 m、宽28.5 m、高74.4 m),提升高度最高的升船机(全长1 650多m、最大提升高度179 m,分两级提升,其高度分别为88.5 m和90.5 m)。

(2)按照泄水条件分类:溢流重力坝和非溢流重力坝。溢流的方式有:坝顶溢流,超泄能力较大,应用比较广泛;大孔口溢流,为满足预泄洪水的要求,将堰顶高程降低,加设胸墙,形成大孔口出流。在高水头向下溢流时,水流流速很高,具有很大的动能和势能,易引起建筑物空蚀和振动,使下游河床受到冲刷。因此,溢流坝与非溢流坝连接处应设有边墩和导墙,改善水流边界条件,使坝面光滑平顺,并采取有效的消能防冲措施减轻下游河床的冲刷。

(3)按照内部结构分类:实体重力坝、宽缝重力坝和空腹重力坝。

宽缝重力坝是将实体重力坝坝段的横缝中间部分扩宽成为空腔的重力坝。其优点是:①宽缝的存在减小了坝底面积,显著降低了坝体的扬压力。上游坡面较缓,可利用上游水重来增加稳定性,使坝体混凝土方量较实体重力坝节省10% ~20%。②宽缝增加了散热面,有利于施工期混凝土温度控制。③坝内留设宽缝,方便坝体检查,必要时可在宽缝内进行维护处理工作。

将实体重力坝坝体内沿坝轴线方向布置大型纵向空腹的坝,称作空腹重力坝。由于空腹的存在,坝体混凝土方量可较实体重力坝节省20% ~30%,并节省了坝基开挖量,便于施工的散热。1961年建成的江西上犹江水电站拥有中国第一座空腹重力坝,坝高67.5 m,电站厂房设于坝内。

我国的葛洲坝水电站采用了混凝土重力坝。葛洲坝水利枢纽位于中国湖北省宜昌市境内的长江三峡末端河段上,距上游的三峡水电站38 km。它是长江上第一座大型水电站,也是世界上最大的低水头、大流量、径流式水电站。

第四节　混凝土支墩坝

利用挡水面板和支撑面板的支墩共同组成的混凝土坝,称为混凝土支墩坝。在大坝建设地区,如果大坝所需的砂砾石等填筑材料有限,而地基的基岩强度达到中等或高等的情况,选用支墩坝具有较大的优势。支墩坝中的钢筋混凝土平板是用倾向上游的一块块垂直于支墩的平板组成的,支墩有足够的能力支撑混凝土板在水压力作用下的整体负荷。

支墩坝的横断面和重力坝相似,但上游迎水面板的坡度比较平缓。面板除具有挡水作用外,还将来自库水、泥沙的压力通过支墩传递到支墩所在的地基上。支墩之间可以有较大的空隙,因此支墩坝是一种轻型坝,可较重力坝节省20% ~60%的混凝土方量,宜于修建在气候温和、河谷较宽、地质条件较好、运输条件差、天然建筑材料缺乏的地区。

一、混凝土支墩坝的分类

根据面板的形式,混凝土支墩坝可分为三种类型。

(1)平板坝。面板为平板,通常简支于支墩的托肩(牛腿)上,面板和支墩为钢筋混凝土结构,如图 2-3 所示。

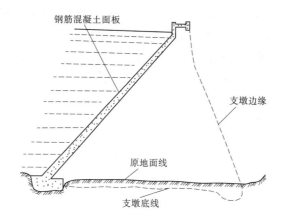

钢筋混凝土面板

支墩边缘

原地面线

支墩底线

图 2-3　混凝土平面坝及支墩坝断面

根据面板与支墩的连接形式,平板坝又可以分为三种:①简支式:面板简支在支墩托肩上,能适应一定的地基变形和温度引起的胀缩,采用最多。②连续板式:面板跨过支墩,每隔两三跨设一道伸缩缝。连续板式可以减小板的跨中弯矩,但在跨过支墩处产生负弯矩,在迎水面易产生裂缝,所以较少采用。③悬臂式:面板与支墩刚性连接,在跨中设缝,要求地基变形小,以防接缝漏水,只能用于低坝。

(2)连拱坝。上游为拱形面板与支墩连成整体,拱坝承压能力强,面板可以做得很薄,支墩间距可以较大,因此使用的混凝土方量最少、钢筋量最多。由于面板与支墩整体连接,对地基变形和温度变化的反应比较灵敏,要求修建在气候变化小的地区,对地基的要求是承载力大、变形小。

(3)大头坝。面板由支墩上游部分扩宽形成,称为头部。相邻支墩的头部用伸缩缝分开,为大体积混凝土结构。

对于高度不大的支墩坝,除平板坝的面板外,也可用浆砌石建造。

二、混凝土支墩坝的特点

(1)支墩坝面板是倾斜的,利用其上的水重帮助坝体稳定,地基的渗流可以从支墩两侧敞开裸露的岩面逸出,作用于支墩底面的扬压力较小,有利于坝体稳定,但支墩的侧向稳定性较差。

(2)地基中绕过面板底面的渗流,渗透途径短,水力坡降大,单位岩体承受的渗流体积力也大,要求面板与地基的连接以及防渗帷幕都必须做得十分可靠。

(3)面板和支墩的厚度小,施工期混凝土散热条件好,温度控制较重力坝简单,内部应力大,可以充分利用材料的强度。

（4）平板坝和大头坝都设有伸缩缝,可适应地基变形,对地基条件的要求不是很高;连拱坝为整体结构,对地基变形反应比较灵敏,要求修建在均匀坚固的岩基上。

1956年建成的梅山连拱坝,位于淮河中游南岸支流史河上游的安徽省金寨县境内,坝高88.24 m,挡水面为拱和垛的上游面板,垛墙用以支承挡水面,为直立的三角形变厚墙,由上、下游面板和纵向隔墙连接而成为一个空间整体结构。1958年建成的金江水库位于湖南省东安县境内,是一个以灌溉为主、兼有发电的中型水利工程。金江水库大坝坝型为钢筋混凝土平板坝,坝体由10个支墩和11跨挡水面板组成,两岸接头采用重力式边墩。1980年建成的湖南镇梯形坝位于乌溪江上,是以发电为主,兼有防洪、灌溉、航运及供水等综合效益的水利工程,最大坝高129 m、坝顶长425 m,是中国最高的支墩坝,大坝系混凝土梯形支墩坝,坝段水平断面呈梯形。

第三章　大坝渗漏原因分析

大坝在建设前期,除要考虑地基强度、两岸山体的支撑能力和变形等问题外,还要考虑大坝的渗漏问题,这是大坝和其他建筑的不同之处。渗漏量太大,不仅仅是水资源流失的经济问题,也会因为渗漏的作用力对大坝的安全造成影响。一些事例表明,许多大坝的破坏,往往不是大坝本身的质量和地基强度不够,而是一些地基土或防渗体系没有能够挡住水的作用力。

大坝的渗漏一般不外乎几种情况:一是大坝地基没有处理好,通过连通水库内外的岩体缝隙流出或者通过地基土的渗透;二是从大坝的两岸山体连接处或直接绕过大坝从两侧的岩体渗漏;三是大坝的防渗体系有薄弱环节,水体沿着连接缝等薄弱部位渗漏。

水的物理特性是流动性强,几乎没有抗剪强度,黏度低,黏滞作用很微弱,并且不可压缩。这些特性使得水能够在很微小的裂缝中渗漏,在水体有一定压力的情况下,沿着裂隙渗出的水量也会有相应的变化。渗漏就需要两个条件:一是存在过水的通道;二是蓄水后水库内外存在着较大的压力差,也就是常说的水头。通道的大小和水头的高低与渗漏量的大小成同向增减关系。

沉积岩地层中,砂卵石和土砂颗粒之间通常存在着彼此连通的孔隙,沉积物的颗粒越大、级配越差、密实度越小,则透水性就越大。

第一节　软土地基

软土地基一般是指抗剪强度低、变形大且具有其他不良性质的地基,包括淤泥、淤泥质土及其他高压缩变形的土层构成的地基。江河的下游、低洼地区的平原水库,往往建在软土地基上。这些软土地基上的水库,在建成后受到扰动或震动,发生突然的大面积沉陷或塌滑,是在设计阶段对软土地基缺乏认识,设计施工考虑不周造成的。而有的工程在对软土地基的处理上又过分保守,一些平原地区不敢建较高的坝,害怕承载力不够,建成的水库蓄水量小,水资源、土地资源没有得到充分的利用,这是对软土的特性缺乏理解而造成的建设盲目性。

一、软土

对于软土,国内各行业的标准不一致。软土是指滨海、湖沼、谷地、河滩沉积的天然含水量高、孔隙比大、压缩性高、抗剪强度低的细粒土。它具有天然含水量高、天然孔隙比大、压缩性高、抗剪强度低、固结系数小、固结时间长、灵敏度高、扰动性大、透水性差、土层层状分布复杂、各层之间物理力学性质相差较大等特点。

相关规范规定软土的特征为:天然含水量 $\omega \geqslant 35\%$,或 $\omega \geqslant$ 液限;天然孔隙比 $e \geqslant 1.0$;十字板剪切强度 $S_u < 35$ kPa,相应的静力触探贯入阻力 P_s 约为 750 kPa。

《水工建筑物抗震设计规范》(SL 203—1997)对软弱黏土层的评价标准为:液性指数 $I_L \geq 0.75$,无侧限抗压强度 $q_u \leq 50$ kPa,标准贯入击数 $N_{63.5} \leq 4$,灵敏度 $S_t \geq 4$。

白永年(2001)将软土按照黏土性软土和砂质黏土性软土分类,其指标见表3-1。

表 3-1　黏土性软土和砂质黏土性软土的指标

土类	塑性指数	含水量 ω (%)	孔隙比 e	饱和度 S_r (%)	压缩系数 a (MPa^{-1})	渗透系数 k (cm/s)	总应力抗剪强度		标准贯入击数 N	无侧限抗压强度 q_u(kPa)
							φ (°)	c (kPa)		
黏土性软土	≥ 17	>40	>1.2	>95	>0.5	$<10^{-6}$	0~5	<20	<2	<30
砂质黏土性软土	<17	>30	>1.0	>95	>0.3	$<10^{-6}$	8~22	<12	<4	<60

二、淤泥、淤泥质土

淤泥、淤泥质土是软土的一种,淤泥是沉积时挟带有机物并有微生物作用且有结构性的黏性土。《工程地质手册》中解释淤泥和淤泥质土是指在静水或缓慢的流水环境中沉积,经生物化学作用形成的黏性土,天然的含水量大于液限。天然孔隙比大于等于1.5的称为淤泥,大于等于1而小于1.5的称为淤泥质土。当然,在其他一些规范里还有很多其他的定义和解释,在这里不作进一步的讨论。

三、灵敏性土

淤泥和淤泥质土有较多的极细颗粒——胶体颗粒,粒径不大于 0.001 mm,并且含水量高于液限,呈流塑状态,静置一段时间就成为凝胶体,具有一定的承载能力。如果受到搅动,就会液化流动,失去胶黏力,承载能力很低,甚至就像水一样毫无承载能力,这种现象叫作触变。在扰动消失后,经过一段时间的恢复,又逐渐凝成胶体状态,恢复了原来状态。这是因为胶体粒子扩散层中的阳离子及扩散层之间的阴离子和水分子一起有次序的排列,形成了有规则的构造,结合水在阴阳离子作用下,增强了这种构造的强度,具有一定的承载力。由于外力扰动的作用,破坏了这些原本岌岌可危的平衡,随之发生液化。外力作用消失后,又渐渐达到平衡,原来的结构恢复,强度恢复。这种触变是可逆的。

土的触变性强弱程度用灵敏度 S_t 表示,即

$$S_t = \frac{q_u}{q_u'} \tag{3-1}$$

式中:q_u 为原状土的无侧限抗压强度;q_u' 为重塑土的无侧限抗压强度(保持含水量和孔隙比与原状土相同)。

土按照灵敏度分类如下:

非灵敏性土 $S_t = 1$,低灵敏性土 $S_t = 1 \sim 2$,中灵敏性土 $S_t = 2 \sim 4$,高灵敏性土 $S_t = 4 \sim 8$,极灵敏性土 $S_t = 8 \sim 16$,微流动土 $S_t = 16 \sim 32$,中等流动土 $S_t = 32 \sim 64$,流动土 $S_t > 64$。

灵敏性土极其容易发生触变,作为堤坝工程或者建筑物的地基一般采取人工加固,如喷粉(水泥、粉煤灰、石灰等)搅拌,或分层填筑土石强夯,把灵敏土挤出置换,或掺混土石降低含水量。

四、饱和粉细砂

饱和粉细砂的特性与软土不同,没有黏粒、胶粒,没有塑性,有一定的抗剪强度,压缩系数不是很大。但受到地震或一些反复振动时,粉细砂被加密,孔隙减小,导致孔隙水压力上升,有效应力降低。当孔隙水压力等于该处粉细砂的上覆土柱压力时,抗剪强度完全丧失;当孔隙水压力大于上覆压力时,则发生喷水冒砂,导致基础下沉偏斜、堤坝塌陷裂缝、边坡塌滑。

级配均匀的粉细砂容易液化。中值粒径 d_{50} 为 0.05~0.1 mm,不均匀系数 c_u 为 2~5 的极细砂至细砂最易液化;中值粒径 d_{50} 为 0.02~0.5 mm,不均匀系数 c_u 小于 10 的粉砂至粗砂都属于易液化砂。除了级配,砂土的密实度、沉积时间、震动力的强弱都是影响液化的重要因素。

第二节　地基的处理

对可能液化的地基进行处理,可采取强夯、振冲、振冲置换等增加砂层相对密度的工程措施,或采取压载增大上部压力、围封防止砂层向建筑物轮廓外挤出或喷出的措施。下面重点介绍软土地基处理的几种方法。

一、换土垫层法

换土垫层法就是把靠近堤防基底的不能满足设计要求的软土挖除,人工回填砂、碎石、石渣、矿渣等强度高、压缩性小、透水性好、易压实的材料,压实到要求的密实度作为持力层。其优点是可以就地取材、价格便宜、施工工艺比较简单。由于该方法主要对地基的浅层作处理,地基的强度提高也比较有限,因此适用于软土埋深较浅、开挖方量不太大的场地,并且上部荷载不能太大,如果荷载过大就要结合其他处理方法。

二、堤身自重挤淤法

堤身自重挤淤法就是通过逐步加高的堤坝自身重力作用将处于流塑态的淤泥或淤泥质土外挤,并使淤泥质土中的孔隙水压力充分消散而增加有效应力,从而提高地基的抗剪强度能力。在挤淤过程中为了不致产生不均匀沉陷,施工时应放缓堤坡、减慢堤身填筑速度,分期加高。该方法具有节约投资的优点,适用于地基呈流塑态的淤泥或淤泥质土,且工期不太紧的情况,同时要求淤泥质土层的厚度较小。

三、抛石挤淤法

抛石挤淤法就是把一定量粒径适合的块石抛在需要进行处理的淤泥质土地基中,将原来的淤泥或淤泥质土挤走,从而达到加固地基的目的。通常将不易风化的石料抛填于被处理地基中,最后在上面铺设反滤层。这种方法施工技术简单、投资较省,常用于处理流塑态的淤泥或淤泥质土地基。在一些建筑工程上所使用的强夯置换法、碎石桩置换法等和该方法是一种原理,只是地基的使用方式和上部载荷的特点有所不同。

四、预压砂井法

预压砂井法是在软弱地层中用钢管打孔、灌砂,设置砂井作为竖向排水通道,将井顶部加固范围内的植被和表土清除,上铺砂垫层,砂垫层中横向布置排水管,用以改善加固地基的排水条件。软弱地层在排水系统和预压荷载的相互配合作用下压密固结,使地基土中的孔隙水排出,增加有效应力达到硬化固结的目的,提高地基土的强度,卸去荷载后再进行上部的施工。该法适用于工期要求较宽的淤泥或淤泥质土地基处理。

五、碎石、石灰桩法

碎石法是在地基中成孔,再在孔内分别填入砂、碎石等材料,并分层振实或夯实,使地基得以加固,同时碎石桩还可以同砂井一样起排水作用。用砂桩、碎石加固,初始强度不能太低,对太软的淤泥或淤泥质土不宜采用。

石灰桩、二灰桩法是在桩孔中灌入新鲜生石灰或在生石灰中掺入适量粉煤灰、火山灰(常称二灰),并分层击实而成桩。它通过生石灰的高吸水性,膨胀后对桩周土的挤密作用,用离子交换作用和空气中的 CO_2 与水发生化学反应使被加固地基强度提高。

六、旋喷法

旋喷法是将带有特殊喷嘴的注浆管置于土层预先设定的深度后提升,喷嘴同时以一定速度旋转,高压喷射水泥固化浆液与土体混合并凝固硬化,具有提高地基承载力成桩的能力。所成桩与被加固土体相比,强度大、压缩性小,适用于冲填土、软黏土和粉细砂地基的加固,也可以作排桩施工或定向喷射成连续墙用于地基防渗。这种方法对有机质成分较高的地基土加固效果较差,宜慎重对待。而对于塘泥土、泥炭土等有机成分极高的土层应禁用。

七、强夯法

强夯法是法国 Menar 技术公司于 1969 年倡导的一种地基加固方法,它通过 $10 \sim 40$ t 的重锤(最重可达 200 t)和 $10 \sim 40$ m 的落距,对地基土施加很大的冲击能(一般能量为 $50 \sim 5\,000$ kN·m)。在地基土中所出现的冲击波和动应力,可提高地基土的强度,降低土的压缩性,改善砂土的抗液化条件,消除湿陷性黄土的湿陷性等。同时,夯击能还可提高土层的均匀程度,减少将来可能出现的差异沉降。强夯法适用于各类碎石土、砂土、低饱和度的粉土与黏性土、湿陷性黄土、杂填土和建筑垃圾等地基的处理。其应用的工程范围极为广泛,能用于工民建筑、仓库、油罐、仓储、路基、飞机场跑道及码头等,具有施工简单、加固效果好、使用经济等基本特点。强夯法加固地基有三种不同的机制:动力密实、动力固结和动力置换。目前的工程实践多采用动力密实。动力密实的机制,是用冲击型动力荷载使土体中的孔隙减小,土体变得密实,从而提高地基土强度。

强夯产生压缩波(P 波)、剪切波(S 波)、瑞雷波(R 波),使地基振动压密,可以称之为动力固结法,压缩波之后的瑞雷波(R 波)以振动能量的 67% 左右传出,在夯点附近造成地面隆起。在压缩波和剪切波的综合作用下,土体颗粒重新排列并相互靠拢,排出孔隙中的气体,使土体挤密压实,强度提高。该法对砂性土压密效果较好,可以消除黄土的湿陷性,但对饱和软土和淤泥没有明显的效果。

太原工业大学得出黏性土和砂性土的有效加固深度的经验公式为

$$D = 5.102 + 0.089\ 5WH + 0.009\ 36E \tag{3-2}$$

式中:W 为锤重,kN;H 为落距,m;E 为单位面积夯击能,kJ。

范维恒等提出有效加固深度为

$$D = K\sqrt{WH/10} \tag{3-3}$$

式中:K 为修正系数,取 0.5 ~ 0.8;其他符号意义同前。

八、土工合成材料加筋加固法

加筋加固法就是在土中加入条带或栅格等筋材,改善土的力学性能,提高土的强度。将土工合成材料平铺于堤防地基表面,能使堤防荷载均匀分散到地基中。当地基可能出现塑性剪切破坏时,土工合成材料将起到阻止破坏面形成或减小破坏范围的作用,从而提高地基承载力。同时,土工合成材料与地基土之间的相互摩擦将限制地基土的侧向变形,从而增加地基的稳定性。

第三节　地基的渗漏特征

大坝坝基渗漏,绝大多数是在大坝开始拦洪蓄水时出现的,随着库水位的升高和蓄水时间的增长,渗漏量逐渐加大。产生坝基渗漏的主要原因是对坝基透水层没有采取有效的防渗措施,或者在施工过程中没有严格按照设计的要求,或者勘察资料不足,没有能够提供可靠的地质资料。如水平防渗的长度或厚度不够,土工布的接缝没有处理好,防渗墙存在薄弱环节,垂直防渗没有做到基岩上或留有"天窗",库区存在和坝后连通的断层,库区调查没有查清楚地下暗河、溶洞的分布情况等。

一、覆盖层地基渗漏特征

第四系地层比较松软,力学强度低,压缩变形大,而且透水性较强,容易受到水的冲蚀破坏。作为大坝的基础,处理起来一般有两种方式,一是将所有覆盖层挖除,在基岩上建筑大坝;二是在开挖到一定程度且保证荷载允许的情况下,做好垂直防渗。所谓垂直防渗方案,是指用防渗墙处理地基,将趾板直接置于覆盖层地基或风化岩层上,并用趾板或连接板将防渗墙与面板连接起来,接缝处设置止水,从而形成完整的防渗系统。趾板与防渗墙之间的连接方式一般有柔性和刚性两种,柔性连接是趾板或连接板与防渗墙顶采用平接的形式,其接缝按周边缝处理,板间设置伸缩缝;刚性连接是趾板通过混凝土垫梁固定在防渗墙顶部的连接,刚性连接一般有两道防渗墙的形式。针对不同的坝型,处理的情况会有所不同。如果在不开挖到基岩的情况下施工,应从两个方面防止渗流引起的问题,一是集中渗流量大引起的地基及坝体的冲刷破坏;二是内部孔隙水压力太高,引起沙土性地基的管涌和液化等,从而造成坝体的破坏,一般发生在由细颗粒土组成的砂层中。

第四系覆盖层的透水性取决于地层物料的颗粒大小、级配状况及其密实度,在主要有极细颗粒(黏土)组成的地层中,每个颗粒的表面包裹着一层高黏滞性结合水膜,使大多数连通的孔隙也不连通了,因此有时尽管有孔隙却不透水。在粗大的颗粒之间若依次被小颗粒充填,形成密实级配良好的土砂砾石层,其透水性将大大减小,成为相对不透水层。

绝大多数的深厚覆盖层都是经过多次沉积而形成的,形成的覆盖层具有各向异性和不均匀的特性。在不同深度,同样粒径的沉积由于压力的作用,一般埋得越深越密实,透水性越小;上部的覆盖层给下部沉积层一定的渗漏防护,上部的层厚越厚,对下部的防护效果就越好,因此下部沉积层漏水就要两次穿过上部厚的防护层,阻力增加、渗径延长,渗流量将减小。由此可以得出,深厚覆盖层的防渗重点是透水性较大的浅部。

当大坝地基存在渗漏水流时,渗流会形成一种渗压力,对地基的承载力造成不利的影响。渗压力与渗流通道的大小和水流速度呈一定的正向关系,在数值上等于引起水流动的水头(h)、过水断面(A)和水的容重(γ_w)的乘积。渗压力减小了土粒间的有效应力,而土体的抗剪强度又与其承受的有效应力相关联,因此渗压力的存在对土体的稳定存在很大的影响。

举例来说,当垂直向上作用的渗压力等于土的浮容重时,就会在土体中造成一种“液化”条件,使土的抗剪强度降低至零。这种现象在渗流速度过大的地方都会出现。土体丧失抗剪强度的条件:

$$hA\gamma_w = LA(\gamma - \gamma_w) \tag{3-4}$$

式中:$hA\gamma_w$ 为渗压力;$LA(\gamma - \gamma_w)$ 为土的水下重量;γ、γ_w 为土、水的容重;L 为垂直流动途经的距离;A 为受力的面积;h 为地下水的水头。

这种条件可以简单地用临界水力梯度 J_i 来表述:

$$J_i = \frac{h_{临界}}{L} = \frac{\gamma - \gamma_w}{\gamma_w} = \frac{\gamma_b}{\gamma_w} \tag{3-5}$$

它等于土的水下容重(γ_b)与水的容重之比。对于典型的无黏性土来说,J_i 约等于 1。这一临界梯度可与流网中向上流的某单元处的梯度项比较,以校核液化条件的可能性。如果水流不是完全垂直而是倾斜的,则液化的可能性减小。

如果一个大坝的地基土处在液化状态下,如不加固处理,大坝将受到安全威胁,细小颗粒可能先被冲走形成空洞,发展下去就形成了通道,连通性的增强缩短了渗径,增大了水力梯度,使渗流进一步增大、发展,将会危及大坝的安全,有可能导致溃坝。

渗透破坏有以下几种情况:

(1)管涌。在渗流作用下土体中的细颗粒沿着骨架颗粒的孔隙向下游移动,并随水体的流出而流失,导致土体被淘空塌陷,这种现象称为管涌。管涌是大坝渗漏的进一步发展,使坝下游产生承压水头引起渗漏破坏,或使大坝土体不断流失,严重的则直接威胁大坝的安全。有的管涌直径和涌水高度可达 0.5 m,带出的泥沙上千立方米,引起了大坝的塌陷。

(2)流土。在渗流作用下,地层中的水压力超过土重量时,土体的表面隆起、浮动或某一类颗粒同时起动而流失的现象称为流土。在黏性土中的流土变形,表现为土块隆起、膨胀、浮动、断裂等;在砂土中表现为土体被托起,发生砂粒跳动和砂沸。流土常发生在闸坝下游地基的渗流出口,地基土壤内部不会发生。由于流土发展速度快,一经出现必须及时抢护,延误时间就会造成更大的破坏。

(3)接触冲刷。渗流沿着两种不同粒径、不同土层接触面流动,沿接触面带走细颗粒的现象称为接触冲刷。

(4)接触流土。当渗流垂直于两种不同土层流动,其渗透比降超过临界渗透比降时,渗透系数小、颗粒较细的土层被渗流带入渗透系数大、颗粒较粗土层中的现象称为接触流土。

上述几种渗透破坏的现象和机制各不相同,但造成的危害是一致的。我国有不少堤坝因为渗漏影响了大坝的安全,最后进行了加固处理,一般处理方法是截断上游渗水通道,增加渗漏的路径,减小渗漏压力,同时做好下游反滤排水,增设减压井和增加盖重等。

二、基岩地基渗漏特征

基岩地基大坝渗漏一般是因为地基中存在连通库区大坝防渗体系内外的裂隙或通道,在水库水压力的作用下水体沿着裂隙流出。国内外有很多大坝是建在可溶性基岩(灰岩等)上的,发育贯通的溶洞或裂隙即使经过灌浆处理也可能有较大的渗漏量。大量的渗漏降低了水库的经济效益,却很少酿成大坝的危险毁坏,也有个别基岩坝基渗漏量过大而导致大坝失事的实例。

其他因素引起的渗漏及变形会造成病险大坝。黄壁庄水库位于滹沱河干流的出口处,是海河流域大(1)型水利枢纽工程,总库容 12.10 亿 m^3。黄壁庄水库拦河主坝为水中填土均质土坝,上游设浆砌石防浪墙,大坝上下游均为干砌石护坡,副坝亦为水中填土均质坝(部分坝体为碾压式均质坝),重力坝为常态混凝土坝,内含输水洞和发电洞。覆盖型岩溶坝基渗漏及其引起的坝体大规模塌陷,副坝在 1999~2001 年施工过程中出现 6 次塌坑,基岩裂隙和溶洞发育是黄壁庄水库副坝塌陷的客观地质基础,没有重视实际地质条件而依据经验采用在其他段成功的加固方法是黄壁庄水库副坝塌陷的直接诱因。这说明,基岩中的渗流量大,并不一定能对大坝的稳定造成危害。但在一定的地质条件下,还是会有一定的影响,需要谨慎对待。

当坝基基岩成分含可溶性岩类矿物时,渗透水流可能会将其逐渐溶解、流失,形成空洞。这种化学侵蚀作用的影响,大概只有在以岩盐和石膏为主要成分的坝基上才能在短时间内表现出来,而对于石灰岩、白云岩,因为溶解速度很慢,用漫长的地质年代计算才能显示出来。因此,在大坝有限的运行期间这些问题不用考虑。

含有大量黏土矿物的岩石地基,如页岩、泥岩、黏土质粉砂岩和泥质沉积物形成的软岩,在正常情况下其力学强度很高,大多能够满足工程建设的需要。但一些外在因素引起外围压力降低,在卸荷等条件下可能产生一些裂隙,如果在有较多裂隙的情况下有水向其渗透,岩石就会进一步吸水膨胀、软化乃至破碎,进一步发展会影响到坝基的安全。潘家铮院士指出,当软化系数 η(单轴湿、干抗压强度之比)小于 0.75,且抗压强度小于 30 MPa 时,一般不宜用作重力坝基础,局部的需要进行改善处理后才能应用。这类大坝基础如果在建设初期没有进行适当的处理,在运行期间出现渗漏问题就值得重视。

第四节　大坝坝体渗漏的特征

相对于大坝地基的渗漏,土石坝的坝体渗漏现象不算很多,毕竟是能看得见的工程部位,设计、施工、监理和验收都有比较成熟和严格的流程。土石坝坝体渗漏的原因主要有:

(1)填筑土石料不合适,如铜陵县牡丹水库坝体心墙材料为砾质土,砾石含量大于20%,而黏粒含量小于15%,渗透系数过大,导致汛期坝体内浸润线过高,坝体外坡大面积散浸。

(2)施工质量差、碾压不实、土工布接缝不严密、坝体内有松散土层。

(3)涵闸本身断裂或涵闸不均匀沉降引起闸体变形,并导致水流从涵闸四周接触带流出。

(4)收缩缝止水材料老化、覆盖层没有清理好、坝体与库岸接触部位清理不到位等,致使坝体产生不均匀沉陷而产生裂缝,形成漏水的通道。甚至有的水库在施工过程中取消了防渗心墙而造成坝体渗漏。

土石坝坝体一旦出现渗漏,将会挟带坝体的细颗粒流出,形成坝体空洞,乃至破坏大坝造成溃坝,危害较大。对这类渗漏的处理办法,一般是在上游增筑防渗体,在坝内灌浆堵缝或增建混凝土防渗墙,同时在下游做好反滤排水等。

混凝土坝坝体产生渗漏,主要原因是混凝土抗渗性能差,横缝止水系统质量差,或存在裂隙和架空形成渗水通道。20 世纪 40 年代建设的吉林省丰满大坝,高 90.5 m,为重力坝,坝体混凝土量 194 万 m³,已浇的混凝土质量差,廊道里漏水严重,坝面冻融剥蚀成蜂窝状。大坝处于危险状态,后经几次浇筑修补。早期建设的大坝,横缝止水片有的使用铝片或黑铁片,在大坝运行不久开始出现渗漏,或者大坝坝体反复遭受冻胀、冻融的破坏,经过长期的运行,会使大坝出现渗漏或者使原有渗漏加大。加拿大曼尼托巴省北部的 1 200 MW 长枞水电站建于 20 世纪 80 年代,运行中发现在大坝的上中部坝体和大坝身之间存在着严重的渗漏问题,为了弄清渗漏的原因,在上中部坝体与大坝之间沿着长度和宽度方向上埋设了温度传感器和位移传感器,用了两年多的时间测量冬季和夏季环境引起的非均匀温度分布,正是温度分布的严重不均匀造成了上中部坝体发生了两种截然不同的变形,导致了上中部坝体与大坝身之间发生了渗漏。

一些大坝在渗漏的作用下,有的库水具有溶出性侵蚀,坝体水泥中的 CaO 溶化析出变成 Ca(OH)₂,在出水口处与空气中的 CO₂ 反应形成白色的碳酸钙,发生"析钙"现象,运行多年的大坝很多有渗水析钙现象,混凝土已经发生病变,降低了大坝的耐久性,还有可能直接危及大坝和水电厂发电设备的安全运行。由于坝体渗漏水为有压渗流,仅从廊道或下游坝面堵塞渗漏逸出点,往往达不到防渗止漏处理的目的,应设法从源头封堵住渗漏的入渗点,增强坝体和横缝的防渗能力,同时适当辅以引排措施,渗漏引起的大坝坝体扬压力增大是混凝土大坝很重要的危害因素。

梅山水库位于鄂、豫、皖三省交界处的大别山腹地、淮河支流史河上游,坐落于安徽省金寨县县城南端。1956 年 4 月建成,1958 年 9 月开始下闸蓄水,1959 ~ 1961 年遭遇干旱,水库基本上在死水位下运行。1962年来水较丰,9月28日水位达到建库以来最高蓄水位125.56 m,库水位在125.0 m左右持续了一个多月,11月6日库水位为124.89 m,该日凌晨,突然发现右岸坝基山坡大面积漏水,最大漏水量达70 L/s左右,部分坝基发生20 mm以内不同程度的剪切错动和陡裂隙,部分帷幕受损。12#垛、13#垛、14#垛和15#垛发生不同程度的偏移,其中13#垛向左偏移较大,同时坝基上抬,右岸坝基、坝体许多部位出现了裂缝,最严重的15#拱拱冠拉开了一条长28.0 m、最宽2.0 mm的大裂缝,后经放空水库检查,发现大坝上游面沿拱台前缘与基岩接触面附近自16#拱至13#垛,并贯穿14#拱拱台一延伸百余米的连续裂缝。1963～1965年进行多项目的加固处理后,经1969年洪水验证达到预期效果。分析梅山大坝1962年右坝肩事故原因:右坝肩存在产生滑动的客观条件是事故发生的基本原因,持续高水位运行是事故发生的诱因,排水设施不全是引起事故的又一重要原因。

第五节 绕坝渗漏的特征

水库蓄水之后,水流绕过大坝两端的岸坡,进而渗往下游,这种渗漏现象在目前被称为绕坝渗漏。

绕坝渗漏的原因,主要是坝头与山体的接合面或山体岩层的破碎裂隙带未进行严格防渗处理;在大坝施工的过程中,坝头与岸坡接头防渗处理措施不严谨,造成施工质量不达标,不符合设计要求;在土石坝施工的过程中,对土体物理学指标分析不当,使得在施工之后常常会出现浸润线高于设计浸润线的位置,这就造成了水流通过渗漏方式从下游的岸坡溢出,进而导致岸坡失稳。这种渗漏问题一般出现在砂砾岩石层、透水性较大的风化岩层、含有石块的泥土和岩层破碎地区。小浪底反调节水库西霞院水利枢纽大坝蓄水后,由于蓄水压力形成透水层,从而产生了绕坝渗流,伴随着库区水位抬高,大坝下游滩地及居民区的地下水位也随之升高,对房屋等建筑地基造成不利影响,西霞院大坝下游村庄的地下水明显抬升,能够看到低洼地段和部分农田被水淹没。

石膏山水库位于灵石县南关镇峪口村上游的石膏山狭谷内,控制流域面积110 km²,总库容473万 m³,是以城镇、工业和农村人畜供水为主,兼顾防洪、发电、灌溉等综合利用的水库工程。水库建成后,年供水量480万 m³,改善灌溉面积3 495万亩;水电站总装机容量200 kW,年发电80万 kWh。石膏山水库为混凝土重力拱坝,坝顶高程1 146 m,最大坝高68 m,坝顶长度164.6 m,节理裂隙较发育,绕坝渗漏是大坝工程的主要工程地质问题之一,直接影响大坝的蓄水效果。

闹德海水库位于辽宁省阜新市彰武县西北部柳河中游,界于内蒙古通辽市库伦旗与辽宁省阜新市彰武县之间,坝长165 m、高32 m、底宽34.2 m、顶宽4 m,坝底有5个泄水孔,坝中有2个泄水孔,挡水坝段坝顶高程187.5 m,水库功能为防洪滞沙,保护沈山、郑大铁路线路安全。经过三次加固改造,挡水坝段坝顶高程达到194 m,1994年10月,开始向阜新市提供工业供水和生活供水。由于辽西地区连续干旱少雨,为保证阜新市供水,经过对水库多年泥沙资料的研究与探讨,省防汛指挥部批准水库2001年汛期防洪限制水位为172.5 m,水库从2001年起全年蓄水,水库在较高水位运行的时间较过去大大加长。大坝每年蓄水后，下游两岸陡坡均有渗漏发生，左岸尤为严重。1994 年曾进行过帷幕灌浆处理，虽取得一定效果，但岸坡布孔为单排，目前两岸绕渗现象仍很严重，两岸绕坝渗流出露点较多，主要分布于坝下游 150 m 范围内，左岸多于右岸，出露高程一般在 155.0 m 以下。产生绕坝渗漏的原因主要是坝基岩体完整性差，库水沿裂隙渗漏，渗漏量加剧不利于大坝的安全与稳定。

绕坝渗漏的处理办法多数是采取灌浆、铺设防渗层、反滤排水等。其他建筑物渗漏主要是指溢洪道和输水洞的渗漏。其原因主要有涵管制造和砌筑质量差，建筑物基础处理以及与山体接合面的防渗处理不好，设计布筋强度不够而断裂，伸缩缝止水材料老化，灌浆封孔不够严密等。对这类事故的处理办法，主要是采用止水防渗和加固补强，如用化学材料灌浆或用钢板或钢管内部衬砌等。

第四章　大坝的防渗

　　土石坝在坝工建设中有悠久的历史。由于它具有良好的适用性和经济性,近几十年来,在我国迅速发展。目前,土石坝是世界坝工建设中应用最为广泛和发展最快的一种坝型。由于土石料颗粒间空隙率大,坝体在水库蓄水后,在上下游水头作用下,坝基和岸坡及其结合面处向下游渗漏。有些渗流是在设计控制之下,属于正常范围内的渗流,渗流出来的水量一般比较小且清澈,不挟带细粒,在观测时只要不出现渗流突然变大的情况,就不需要太在意。若渗流量大、集中且浑浊就要引起重视,分析探测其变化原因,避免进一步发展恶化。

　　土石坝从设计开始到施工验收,其基本思想就是设计出材料便捷、施工经济、质量安全、资源利用高效的挡水建筑。不考虑其他因素,水库大坝主要的问题就是安全和防渗,而水库渗漏不仅使经济效益减少,也影响着大坝的安全稳定性。了解土石坝渗漏的破坏规律和土石坝防渗的主要措施,不仅有助于投资、设计、建筑出经济合理和稳定的大坝,也有助于后期的探测和处理加固,也是大坝渗流控制技术和大坝发展的一个课题。

　　大坝的渗漏主要有三种形式:地基渗漏、坝体渗漏、绕坝渗漏。下面就地基防渗的措施和土石坝、浆砌石坝、混凝土坝体的渗漏处理作介绍。

第一节　地基防渗措施

　　覆盖层不厚的坝址,一般情况会将覆盖层、全强风化基岩全部清理开挖到满足建坝要求的基岩面。但在覆盖层较厚的坝址区,清理覆盖层的工作量很大,也很不经济,一些地方的覆盖层厚度甚至达到几百米,根本不可能清理掉。在这种情况下,对地基进行一定的强化处理来提高承载力,并采取一定的防渗措施。覆盖层地基渗漏量过大往往容易形成对大坝安全的危害,因此覆盖层地基的防渗尤为重要。

　　我国20世纪50年代就修建了很多平原水库,大部分建在黄淮海流域的下游地区,还有一部分建在西部内陆河平原地区。平原蓄水调节水库丰蓄枯用,大都是蓄河道洪水期的水,以备枯水期或河道断流时供生活或工农业生产用水。黄淮河下游的平原水库地基大多是软弱地层和透水地层互层,西北内陆河水库地基大多是透水地基。这些水库水深很浅,例如位于天津市大港区东南部的天津大港水库水深只有3~4 m;始建于1982年8月的引滦入津的尔王庄水库位于天津市宝坻区境内,是引滦工程修建的一座平原调蓄水库,围坝水深也只有4 m;胜利油田几座平原水库水深4~6 m。这些水库水深这么浅,究其原因是当时的设计施工水平低,垂直防渗需要靠人工开挖截渗槽,地下水位高,难以向下开挖,水平防渗量大,而且效果不好,4 m水深会使围坝外面土地沼泽化。50年代后期引进了混凝土防渗墙技术,可以建造深达50 m的地下防渗墙,但因为造价太高没有在平原水库应用。80年代我国发展了高压喷射灌浆建造地下防渗板墙和垂直铺塑等技术,该技术施工速度快、造价低,得到了比较大的应用。

用于覆盖层地基的防渗措施有很多种,主要有上游铺盖、基底截渗墙、各种防渗墙、帷幕灌浆等,这些措施要根据工程的地质条件和设计要求及施工的便利性来考虑。

一、水平防渗

水平防渗在土石坝中应用较多,一般使用不透水的黏性土碾压而成,铺盖与坝的心墙相连,并向上游延伸一定的距离,将透水的河床表面覆盖起来,延长水的渗流距离,减小水力比降,以达到减少渗漏流量的目的。铺盖的作用是延长渗径,从而使坝基渗漏损失和渗流坡降减少至容许范围以内。铺盖在中小工程中使用较多,在高、中坝,复杂地层、渗透系数大和防渗要求高的工程中应谨慎使用。

利用天然黏土铺盖要了解黏土的分布情况、厚度、干容重以及黏土下面覆盖层的厚度、粒径组成和透水性等,人工填筑黏土铺盖长度与坝前设计水头比,最小要达到 5 倍,铺盖不管铺设多长,并不能根本防止渗漏,只能是减小渗漏量;铺盖黏土渗透系数应小于1 000倍地基的渗透系数;黏土铺盖要避免与河床覆盖层渗透系数大的透水层接触,防止渗漏引起黏土流失,造成大的渗漏破坏;铺盖黏土要封闭大坝两侧岸坡,避免发生绕渗。

现在很多工程应用复合土工膜铺盖,复合土工膜渗透系数 $1 \times 10^{-11} \sim 1 \times 10^{-12}$ cm/s,考虑接缝的影响一般取 $1 \times 10^{-8} \sim 1 \times 10^{-11}$ cm/s。这种材料做铺盖时称之为不透水铺盖。如果铺在砂土上并用砂土覆盖保护,可以铺土工膜;如果有尖锐的颗粒等则铺复合土工膜。

水平防渗或表面防渗一般用在覆盖层较薄、透水性较小的地基上。在透水性大、厚薄悬殊的地基上使用会引起不均匀沉降,产生落水洞和塌坑。黄壁庄水库就多次出现这种情况,强渗漏地层不仅使水库年均损失水量达 7 200 万 m^3,而且造成坝基渗漏破坏、副坝铺盖及坝顶严重裂缝,给下游带来严重的溃坝威胁。后来的加固处理采取了组合垂直防渗方案,混凝土防渗墙施工过程中,共发生大的坝体坍塌 7 次。黄壁庄水库副坝地基主要有以下两个特点:

(1)地质结构由上至下为壤土、砂壤土层、中粗砂层、砾卵石层、含碎石黏土层、基岩。地基土中普遍分布着高压缩性、低强度的软塑状土,且无规律性;砂层局部疏松并夹有粉细砂,存在易失稳的地层;卵石层平均粒径较大,卵石含量达 70% ~80%,集中渗漏严重。卵石层局部段直接与上部砂层接触,层间系数达 80 ~100,为不良接触,砂层有向卵石层填充的可能,造成地基松动;基岩中受多次构造影响,其构造及岩溶发育状态复杂。

(2)地基渗漏地层存在埋藏深、厚度大、渗漏强的特征。从坝顶算起,其渗漏深度一般为 50 ~60 m,最深可达 70 m;渗漏地层厚度一般为 30 ~40 m,最厚可达 50 m;集中渗漏通道的渗透系数最大可达 450 m/d。不仅覆盖层强渗漏层厚度大,基岩中也存在溶蚀发育的渗漏通道。渗漏量之大、渗漏范围之广、影响因素之多是罕见的。

二、垂直防渗

自 20 世纪 60 年代初,垂直防渗技术迅速发展起来,目前已成为覆盖层地基的主要防渗技术,不仅可以作为在建项目的防渗工作,也可对正在漏水或存在险情的堤坝进行止漏加固处理,还可以作为建筑物挡墙、防冲墙等防渗措施。从成墙的机制上来分,防渗墙分为两类:置换型防渗墙是将地层中的原材料取出,回填进去需要的材料;混入型防渗墙是将水泥浆通过钻孔注入或喷射到地层中,使其与原有材料混合硬结。

防渗墙的厚度一般是按照抗渗和耐久度的要求计算,综合考虑地质条件、施工设备的适应性、环境条件和已有防渗墙厚度的经验来确定的。当覆盖层中大漂石或孤石含量较多时,薄防渗墙施工很困难,应适当增加墙厚;但在软土地基中墙厚可以薄一些,太厚则容易出现槽孔坍塌。覆盖层和基岩全强风化厚度是决定防渗墙深度的主要因素,也是影响防渗墙厚度的因素,各种钻机在钻孔过程中都会出现偏斜,并且随着孔深增大而加大,会使墙的有效厚度变薄,因此对深度较大的防渗墙应适当加厚。对于承受水头超过 20 m、墙深 30 m 以上的大坝或重要的堤段,防渗墙的厚度最小为 60 cm,多数为 80 cm,最大为 120 cm。为保持深部墙段连接处有一定的有效厚度,一般是墙越深,厚度就要越大。

(一)混凝土防渗墙

混凝土防渗墙也称为地下连续墙,在深厚砂砾石地基中采用混凝土防渗墙是比较经济有效的防渗设施。在松散透水地基中以泥浆护壁连续造孔或造槽,然后在泥浆中用导管灌注混凝土入孔槽内,而分段成混凝土墙,分段的长度一般为 5～10 m,第一期先间隔段成槽并浇筑成墙段,第二期剩余段造孔槽并浇筑成墙段,和第一期的墙段连接形成连续完整的混凝土墙。墙的顶部与闸坝的防渗体连接,两端与岸边的防渗设施连接,底部嵌入基岩或相对不透水地层中一定深度,墙底宜嵌入基岩 0.5～1.0 m,对风化较深和断层破碎带可根据坝高和断层破碎情况加深,即可截断或减少地基中的渗透水流,对保证地基的渗透稳定和闸坝安全,充分发挥水库效益起着重要作用。防渗墙插入土质的高度宜为 1/10 坝高;高坝可适当降低,或根据渗流计算确定;低坝应不低于 2 m。在墙顶填筑含水量大于最优含水量的高塑性土区,它可作为土石坝中的防渗心墙,还可用以加固渗漏严重的土石坝。

(二)振动沉拔空腹钢模水泥砂浆板墙

该工法有单板工艺、双板工艺和多板工艺。单板工艺是将工字钢板桩振动沉降,拔出的同时向挤开的空间灌注水泥砂浆或水泥膨润土,这种水泥板墙厚 7.5 cm。双板工艺是将两块横断面为长方形的钢膜相继振动下沉,拔出时向钢模内部空间灌注水泥砂浆或水泥膨润土浆,水泥板墙一般厚 12～20 cm。振动沉拔板墙只能在砂土及含少量小砾石的砂土打入,深度可以达到 20 多 m。

(三)高压喷射灌浆板墙

该方法既可用于加固地基,又可用于营造防渗墙。它可以在不开挖地基的情况下,造出一定深度、一定几何形状的混凝土墙。

第二节　防渗成槽机械

开槽技术是置换型防渗墙建造中很重要的一环,多样的开槽工具和成熟的技术使得在各样的地层中,都有适宜的手段和工具建造各种厚度和深度的防渗墙。当前主要的开槽技术有:冲击钻、液压抓斗造槽、链斗法、射水成槽法等;机械器具有正反循环冲击钻机、抓斗机、链斗（刮板）式挖槽机、射水成槽机、锯槽机、振动板桩、振动切槽、单头或多头深层搅拌机、高喷机等。

深厚型的防渗墙宜于选用的造孔机械有以下几种：

(1)冲击钻机。是利用钢丝绳将冲击钻头吊起,升到一定高度后松开,让钻头自由下落,利用冲击钻势能的冲击破碎土体或岩体,被冲击成碎屑的岩土混在护壁泥浆中,然后使用淘渣抽桶排出孔外,这样周而复始循环作业,直到达到需要的深度。在碎石类土、岩层中宜用十字形钻头,在砂黏土、砂和砂砾石层中宜用管形钻头。钻头重量应考虑泥浆的吸附作用和钢丝绳及吊具的重量。一般是隔一段距离先打两个主孔,然后在中间劈打副孔,若干主、副孔连结成一个槽段。

(2)冲击反循环钻机。其破碎机制是利用冲击钻头对岩石进行较高频率的冲击使岩石破碎,利用反循环排渣方式及时将破碎岩屑排出孔外,能获得较高的钻进速度。冲击钻头由两根钢绳平衡连接,无论起、下钻都非常方便,大大缩短了辅助时间。使用冲击反循环钻机排渣时不是使用抽桶,而是使用泵直通孔底将沉渣抽出孔外,这种泵的能力很强,除了粒径大于管子直径的,绝大多数的沉渣都能够抽出,节省了很多的重复工作量。当地层为较黏的土层时,为避免糊钻,排渣可选用除泵吸反循环外的正循环方式;当钻进至强、中、微风化辉绿岩和灰岩及硅质岩,强风化粉砂质泥岩,中风化粉砂质泥岩等硬岩层时,岩渣相对较少,视具体情况可选择采用反循环或间断反循环的排渣方式。将冲击碎岩效率高和反循环排渣快两方面优点有机地结合在一起的钻进方法,也是一种适应任何地层的钻进方法,特别是在卵砾石层、泥岩层和各类强风化岩石层及其各类不同地层共生的软硬互层,钻进效率较其他钻进方法要高出几倍。

(3)抓斗挖槽机。使用带齿、刃的抓斗直接抓取土体开挖成槽的机械,在较松软的均质土、砂、砾石层中施工效率比较高,遇到大的石块或需深入基岩时,需要冲击钻的配合。最常用的是蚌式抓斗挖槽机,它的原理是用斗齿切削土层,再把土渣放在斗内提出地面卸渣,随后返回原来位置,进行新的挖槽工作。蚌式抓斗挖槽机可分为液压式、导杆式、钢索式三种。导板抓斗就是上部设有用以提高挖槽垂直度抓斗的导板。

液压式抓斗挖槽机:抓斗工作是由液压缸的推进完成的,而不是依靠自重。优点是挖土多、吃土深,提高了挖槽能力和速度,避免了钢条磨损;缺点是损耗斗体较大。

导杆式抓斗挖槽机:把抓斗固定在一根刚性杆上,由起重机控制抓斗与导杆的上下起落。优点是工效高、精度高、晃动小;缺点是施工场地净空高、机构多。

钢索式抓斗挖槽机:在普通的双卷筒的卷扬机或起重机上装备抓斗,利用斗体自重切削土体。优点是斗体损耗小、操作简便;缺点是垂直精度低、挖槽慢。

履带式液压抓斗机:是挖槽机中常用的一种,构造简单耐用、故障少,广泛用于软弱土层施工。它是利用斗齿切削土层并将土渣收容在斗内提出地面转移到合适位置卸渣,然后返回到挖土位置,进行新的工作循环。履带式液压抓斗机抓斗工作时切削力主要不是依靠自重而是由液压缸的推进来完成的,吃土深、挖土多,并能克服启闭时钢索磨损、更换不便等缺陷,提高了挖掘能力和速度,但斗体损耗较大,备有测斜纠偏装置,挖槽精度高。此类挖槽机使用较多,图4-1是三一集团生产的一种挖槽机,有SH350、SH400、SH500、SH400C等型号。

(4)液压开槽机。最早是法国软土防渗公司于 1973 年研制的,目前已有多国生产。它的主要优势是不仅可用于一般覆盖层,而且可以在一定硬度的岩层中开挖槽孔,深度可达百米以上。它的切削动力位于孔底的反循环凿孔机,可以开挖槽长 2.8 m 的矩形槽孔,槽宽可达 0.6 ~ 1.2 m。

图 4-1　三一集团抓斗挖槽机

YK 系列液压开槽机是由河南黄河河务局、新乡市黄河工程公司于 1992 年共同开发研制的,1994 年生产出样机,1998 年 11 月通过国家鉴定,1999 年 4 月获得了国家专利,专利号:ZL982002432。YK 系列液压开槽机的研制成功,填补了我国地下连续成槽在大深度、超薄墙施工技术上的空白。根据近几年的基础防渗工程施工,在原有 YK160 型液压开槽机(1999 年研制并推广的防渗设备)的基础上,研制并开发了创新型基础防渗设备旋铣式成槽机。旋铣式成槽机是一种创新型地下连续防渗墙开槽设备,主要用于江河、大坝、病险水库等水利工程基础渗漏处理。

一般深度为 10 ~ 20 m,最大不超过 30 m,厚度为 10 ~ 25 cm,最大不超过 30 cm 的防渗墙可用作水头较小、总体厚度不超过 30 m 的土石坝的防渗,还可以作为江河湖海的堤防工程。

(1)薄型抓斗机挖槽。与抓斗挖槽机的原理相同,只是抓斗更薄些,最薄为 30 cm,有的达到 24 cm。我国自行研制的中国水利水电基础工程局的 WY – 300 薄型液压抓斗机在国内很多工程取得了成功的应用。

(2)射水法造槽。通过正循环泵抽吸泥浆池内的泥浆,经正循环管至成型器底部喷嘴射出而产生的泥浆射流作用,以及主卷扬提落成型器产生的重力冲击作用,联合冲切、破碎地层:由于正循环流量大,槽孔内的泥浆射流随成型器往复冲击式运动,使槽孔底部渣浆呈翻流状态,加上成型器底口呈倒三角形,具有聚渣作用,因此挟带粗颗粒的渣浆或浓度较大的渣浆聚向槽底中心,可从反循环抽吸口经过反循环管、砂石泵(反循环泵)抽排至排渣池,而挟带细颗粒的渣浆或浓度较小的渣浆可从槽口随泥浆溢出,砂粒沉积在泥浆沟内,由人工清至排渣池,泥浆经沉淀后流回泥浆池重复利用,并可充分利用成型器自身的往复运动自行造浆,即在槽口直接往槽内加入黏土等制浆材料,由成型器自行造浆,保持泥浆具有良好的护壁性能。造槽过程中,成型器同时在不断修整槽形,使槽孔形状呈比较规则的矩形柱。此法适用于土、砂层和粒径不大于 80 mm 的砂砾层,在稍大的砂卵石层中工效较低;缺点是槽的长度较短,平接的缝较多。

(3)锯槽机成槽。锯槽机是在一种全新的挖槽理念基础上研制而成的,它利用对称安装在锯槽机动力机头上的两个锯刀,通过机头驱动锯刀往复运动来切割地层成槽,是一种连续成槽、分段成墙的技术,具有墙体连续性好、施工速度快、造价适中等优点。QS – 100 新型锯槽机由动力机头、机架和底座三部分组成。动力机头由潜水电机、砂石泵、纠偏板、锯刀及其他附属件组成,在工作时完全潜于水下,由慢速卷扬机通过滑轮组牵引提升,采用钢丝绳自由悬挂,无动力下放。掘削的泥土混在泥浆中以反循环方式排出槽外。

(4)链斗式挖槽机挖槽。一种链条斗式挖槽机由前支架、支撑杆、后支架、提升卷扬机、牵引卷扬机、带调速电机的减速机、链条、链轮组成。链条上装若干个挖斗,带调速电机的减速机将动力传递给链轮和链条、挖斗绕支撑杆做周而复始运动,挖斗把土挖出,带到前支架下面,当挖到所需深度后,启动牵引卷扬机,随挖随移动,从而挖出一条连续沟槽。该机械结构简单、生产效率高,主要用于水库、堤防等水利设施的防渗工程。黑龙江农垦设计研究院和山东泰安市水利机械厂都研制出相应的机械。

(5)振动切槽(挤压法成槽)。振动切槽成墙工艺原理是利用大功率振动设备将一定厚度的切刀通过振管挤入地层至设计深度,在挤入和提升切刀的同时,使水泥质浆液从切刀底部喷出充填所切空间形成水泥质浆槽。后续施工利用切刀上的导向副刀在相邻已完成槽段内导向,从而形成连续的地下板墙。该法适用于黏性土、粉土、松散至中密的砂壤土等地层,处理深度一般不超过 20 m,墙厚 15 ~ 20 cm。

第三节　垂直防渗技术

防渗墙就是修建在透水地基中,以防渗为主的地下连续墙,墙型和所用材料多种多样,并且施工的方法技术也多种多样。地下防渗墙的施工工序有:做导墙或导向槽,制作泥浆,挖槽和清孔,浇筑成墙,接头施工。混凝土防渗墙的施工技术与工艺起源于 20 世纪 50 年代的意大利,中国于 1958 年开始研究出一整套混凝土防渗墙施工技术与工艺。截至 1986 年底,中国在水利工程中已建成 75 道混凝土防渗墙,最大墙深 74.4 m,最大墙厚 1.3 m。在各类复杂地层中,如纯砂层、淤泥层、密集孤石层、水下抛填砂砾石层,均成功地建成了混凝土防渗墙。

一、高喷法造墙

利用预先的钻孔或钻喷一体化施工,施加 30 ~ 40 MPa,最高可达 60 MPa 的泵给压力,从特制的喷嘴中喷出极高流速的水 – 气 – 浆或气 – 浆流束,以切削破坏土体,将一部分细颗粒土砂扬出地面,另一部分较粗颗粒土砂就地与水泥浆凝结成墙。此法既可以使用定喷或摆喷造成薄墙,也可使用旋喷或多排孔组合造成厚墙。

造墙的形式可以根据工程需要和地质条件确定,高压喷射可以采用旋喷、摆喷、定喷三种形式,每种形式可以采用三管法、双管法和单管法。高喷墙的结构形式有以下几种:旋喷套接如图 4-2(a)所示,旋喷摆喷、旋喷定喷搭接如图 4-2(b)所示,摆喷对接或折接如图 4-2(c)所示,定喷折接如图 4-2(d)所示。旋喷施工程序如图 4-3 所示。

二、帷幕灌浆

为了满足工程建设的需要,应对地基进行处理以满足荷载、防渗的需求,在一些地质条件下,防渗墙工程和黏性土截水槽很难实施。利用高速射流切割掺搅土层,同时灌入混凝土浆液或复合浆形成凝结体,改变原有地层的结构和组成,以达到加固地基和防渗的目的。在大坝的岩石或砂砾石地基中采用灌浆建造防渗帷幕的工程。帷幕顶部与上游铺盖或混凝土坝体连接,底部深入不透水岩层一定深度,减少地基中地下水的渗透。

在覆盖层地基中防渗采用帷幕灌浆的方法比利用防渗墙早得多,有了防渗墙技术后,

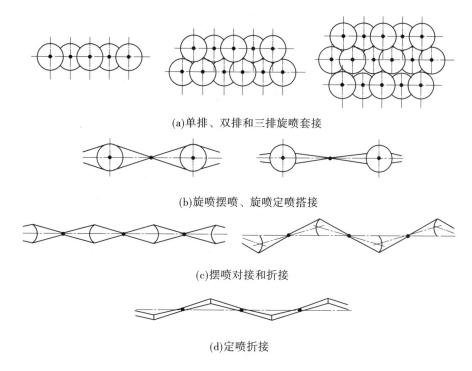

(a)单排、双排和三排旋喷套接

(b)旋喷摆喷、旋喷定喷搭接

(c)摆喷对接和折接

(d)定喷折接

图4-2 高喷墙的结构形式

在比较正式的工程中就采用得少了,但并不是说该项技术不管用了,而是因为在覆盖层中作帷幕灌浆防渗至少需要 3 排孔,这样算下来的价格将超过 0.8 m 混凝土防渗墙的造价,其效果却不如防渗墙。

　　按防渗帷幕的灌浆孔排数分为两排孔帷幕和多排孔帷幕。地质条件复杂且水头较高时,多采用 3 排以上的多排孔帷幕。按灌浆孔底部是否深入相对不透水岩层划分:深入的称封闭式帷幕,不深入的称悬挂式帷幕。

　　混凝土坝岩基帷幕灌浆都在两岸坝肩平洞和坝体廊道中进行。土石坝岩基帷幕灌浆,有的先在岩基顶面进行,然后填筑坝体;有的在坝体内或坝基内廊道中进行,其优点是与坝体填筑互不干扰,竣工后可监测帷幕运行情况,并可对帷幕补灌。帷幕灌浆的钻孔灌浆按设计排定的顺序逐渐加密。两排孔或多排孔帷幕,大都先钻灌下游排,再钻灌上游排,最后钻灌中间排。同一排孔多按 3 个次序钻灌。灌浆方法均采用全孔分段灌浆法。

　　灌浆压力是指装在孔口处压力表指示的压力值。岩石帷幕灌浆压力,表层不宜小于 1～1.5 倍水头,底部宜为 2～3 倍水头。砂砾石层帷幕灌浆压力尽可能大些,以不引起地面抬动或虽有抬动但不超过允许值为限。一般情况下,灌浆孔下部比上部的压力大,后序孔比前序孔压力大,中排孔比边排孔压力大,以保证幕体灌注密实。灌浆开始后,一般采用一次升压法,即将压力尽快升到设计压力值。当地基透水性较大、灌入浆量很多时,为限制浆液扩散范围,可采用由低到高的分级升压法。在幕体中钻设检查孔进行压水试验是检查帷幕灌浆质量的主要手段,质量不合格的孔段要进行补灌,直至达到设计的防渗标准。

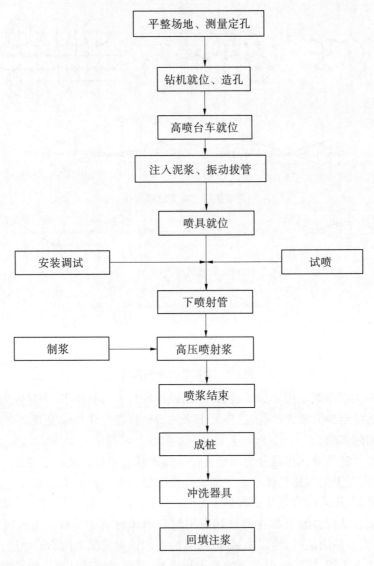

```
平整场地、测量定孔
        ↓
钻机就位、造孔
        ↓
高喷台车就位
        ↓
注入泥浆、振动拔管
        ↓
喷具就位
        ↓
安装调试 ────────────── 试喷
        ↓
下喷射管
        ↓
制浆 ──→ 高压喷射浆
        ↓
喷浆结束
        ↓
成桩
        ↓
冲洗器具
        ↓
回填注浆
```

图 4-3 旋喷施工程序

第四节 土石坝防渗加固

　　土石坝除均质土坝、土质防渗体分区坝外,防渗体一般采用混凝土、沥青混凝土、钢筋混凝土、土工膜或其他人工材料制成,其余部分用土石料填筑而成。渗漏的原因一般是设计、施工、维护、材料等方面存在薄弱环节或不到位的地方。渗漏形式主要有坝体渗漏和坝基渗漏两种。常用的防渗加固处理措施主要有混凝土防渗墙、高压喷射灌浆、劈裂灌浆、土工膜及其他防渗固方式。渗漏处理的原则是上堵下排。在堵的方面,主要是翻修铺盖、延长铺盖长度或增加厚度,增设帷幕,采取混凝土防渗墙或开挖截水槽回填黏土;在排的方面,主要是搞好反滤排水和盖重压坡等。

一、防渗材料

（一）水泥混凝土

混凝土是指胶凝材料将集料胶结成整体的工程复合材料的统称。通常讲的混凝土是指用水泥做胶凝材料，砂、石做集料，与水（加或不加外加剂和掺合料）按一定比例配合，经搅拌、成型、养护而得的水泥混凝土，也称普通混凝土。属于无机胶凝混凝土，是最常用的防渗材料。

（二）沥青混凝土

沥青混凝土属于有机胶凝混凝土，是以沥青为胶结剂，与矿粉、矿物骨料经过加热、拌和、压实而成的防渗材料。该防渗材料具有防渗效果好（一般可以减少渗漏 90% ~ 95%）、塑性和柔性好、能适应较大变形、造价低、容易修补等优点，渗透系数为 10^{-7} ~ 10^{-10} cm/s，被广泛应用于渠道、水库大坝和蓄水池等防渗工程上。如陕西的石砭峪堆石坝、甘肃的党河水库大坝和北京的半城子坝均采用沥青混凝土作为防渗体。

（三）钢筋混凝土

钢筋混凝土是指在混凝土中加入钢筋与之共同工作来改善混凝土力学性质的一种组合材料，为加筋混凝土最常见的一种形式。该防渗体主要在堆石坝中应用，少量土坝也有采用。主要采用钻凿、抓斗、锯槽、液压开槽、射水等工法，在坝体或地基中建造槽型孔，以泥浆固壁，然后采用直升导管，向槽内浇筑混凝土，形成连续的混凝土墙。防渗墙施工可以适应各种不同材料的坝体和各种复杂地基，墙的两端能与岸坡防渗设施或岸边基岩连接，墙的底部可嵌入基岩一定深度，彻底截断坝体及坝基的渗漏通道。

（四）土工膜

近年来，随着坝工新材料的研究开发、PVC 土工膜的应用，在坝体防渗上实现了重要突破。土工膜一般使用聚乙烯土工膜、聚氯乙烯土工膜和氯化聚乙烯土工膜。土工织物一般采用机织、针织和非织土工织物。土工复合材料采用的是膜和布的混合材料，有一布一膜、二布一膜和三布二膜。

二、防渗方式

（一）混凝土防渗墙

混凝土防渗墙技术于 20 世纪 50 年代起源于法国和意大利，1959 年山东月子口水库在坝基砂砾石层中间建了一道长 472 m、深 20 m，有效厚度 0.43 m 的混凝土防渗墙（由 959 根直径为 600 mm 的连锁桩柱构成）。北京密云水库在坝基砂砾石层中建成了一道长 593 m、深 44 m、厚 0.8 m 的槽孔式混凝土防渗墙。随着技术的不断应用改进，混凝土防渗墙技术得到了更大的发展。

混凝土防渗墙的材料根据其抗压强度和弹性模量，可以分为刚性材料和柔性材料两大类，刚性材料一般抗压强度大于 5 MPa、弹性模量大于 1 000 MPa，有普通混凝土（包括钢筋混凝土）、黏土混凝土、粉煤灰混凝土等。柔性材料一般抗压强度小于 5 MPa、弹性模量小于 1 000 MPa，有塑性混凝土（砂浆）、自凝灰浆、固化灰浆等。

20 世纪 80 年代初，国内开始对防渗墙体的材料进行系统的研究，陆续研制成功了适用于低水头坝或围堰的固化灰浆材料,适用于中低水头大坝和临时围堰的塑性混凝土,适用于高坝深基防渗墙的高强混凝土,以及后期强度较高的粉煤灰混凝土。

目前国内尚无防渗墙设计规范,缺少防渗墙渗透稳定分析和墙体强度、变形计算的理论依据。由中国电力出版社出版,高钟璞主编的《大坝基础防渗墙》给出了墙体厚度计算公式:

$$\delta = k \frac{\Delta H_{max}}{J_{max}} \tag{4-1}$$

式中:k 为抗渗坡降安全系数,一般取 4 ;ΔH_{max} 为作用在防渗墙上的最大水头差,m;J_{max} 为防渗墙渗透破坏坡降,一般取 300 。

防渗墙深度计算采用公式:

$$S = \frac{1}{2} C_0 (H_1 - H_2) - \frac{1}{6} (L_1 + L_2) \tag{4-2}$$

式中:C_0 为莱茵系数,粉砂土取 7.0 ;H_1、H_2 分别为防渗墙的上、下游水深,m;L_1、L_2 分别为防渗墙上、下游水平渗径,m。

如广东飞来峡水库的副坝就是采用钢筋混凝土做成心墙防渗体的土坝。

(二)复合土工膜

复合土工膜是由塑料薄膜和无纺布合成的,塑料薄膜的不透水性能隔断漏水通道,无纺布具有较高的抗拉强度和延展性,两者结合不仅增大了薄膜的抗拉强度和抗刺穿能力,而且由于无纺布的表面比较粗糙,增大了土工膜和土体之间的摩擦系数,有利于土工膜和保护层之间的稳定。土工膜的主要作用有:过滤、排水、隔离、加筋、防渗、防护。土工复合材料要考虑它的力学性能、化学性能、热学性能、耐久性能,工程上更重视其防渗能力、抗变形能力和耐久性。

在土石坝中用到的二布一膜土工复合材料,通常由双层织物和一层膜组成。膜夹在双层织物之间,织物起到加筋作用,并且能更好地施工铺设。复合土工膜制作简单、效果好、经济实用,在土石坝中得到广泛应用,在整个工程的建设投资和经济效益中起到了相当大的作用。2 级以下的低坝,可采用土工膜代替黏土、混凝土等作为坝体的防渗材料。它的优点是:柔性好,能适应坝体变形,施工方便,速度快,造价低,不受气候影响。采用复合土工膜防渗的土石坝,坝坡可以设计得较陡,使土石量减少,从而降低工程造价。缺点是:在施工时需要放空水库,抗老化作用不如混凝土等材料,相关规范规定用于挡水头超过 50 m 的大坝需要进行专门论证。

复合土工膜可以铺设在坝体不同位置用于防渗,多数铺设于坝体上游表面。在铺设复合土工膜时,需要用到相应的机械设备,以保证复合土工膜起到相应的防渗作用。由于复合土工膜制造时尺寸的绝对性,在用到实际的坝体上时,需要裁剪拼接,并且不能拉得过紧。复合土工膜可以边铺设边拼接,复合土工膜在结合处要相当谨慎,结合处上下织物要缝好,两块复合土工膜接缝之间的搭接不小于 10 cm,两块膜用热黏、胶黏均可,尽量避开在应力集中区搭接。土工膜铺设的基面要清理干净,特别是尖石、树根等,土工膜保护土层一定要过筛,不允许有大粒径的颗粒存在,保护层土料要夯打密实。土工膜周边边界的处理是将土工膜与周边土体联结紧密,截断侧向的渗漏路径,周边挖截水槽,并将土工膜埋入槽内。

除在坝体表面使用复合土工膜外,也可以在心墙防渗上直接使用复合土工膜。心墙防渗膜的铺设可以分成几种,有直线铺设的也有 Z 字形铺设的。Z 字形铺设也有弯折多少的区分。还有一种是双层心墙防渗膜的铺设,中间可以设置排水观测廊道。土工复合膜不仅用在土石坝中,有些也应用到面板坝中。

(三)高压喷射灌浆

利用钻机钻孔,喷射管下至土层的预定位置喷射出的高压射流冲切破坏土体,喷射流导入水泥浆液与被冲切土体掺搅凝固,在地基中按设计的方向、深度、厚度及结构形式与地基结合成紧密的凝固体,起到加固地基和防渗的目的。该防渗方式适用于淤泥质土、粉质土、砂砾石等松散透水地基或填筑体内的防渗工程。目前,在国内病险土石坝防渗加固中,采用此法较多。

高压喷射灌浆的基本方法有:单管法、二管法、三管法和多管法等几种,它们各有特点,可根据工程要求和土质条件选用。

(1)单管法是利用高压泥浆泵,以 30 MPa 左右的压力喷出泥浆,形成高压射流冲击破坏土体,借助喷管的提升或旋转,使坍塌的土体和泥浆在压力的作用下混合搅拌,泥浆和土体混合物凝固后形成新的凝结物,达到提高地基承载力、改变地基土体结构和防止渗漏的目的。是一种比较易于操作控制、节约的地基处理方法,可用于淤泥地层桩间止水,加固软土地基。但由于该工法需要高压泵直接压送浆液,形成凝固体的长度(柱径或延伸长)较小。一般桩径可达 0.5 ~ 0.9 m,板墙体延伸可达 1.0 ~ 2.0 m 。

(2)二管法是利用两个通道的注浆管,同时喷射出高压浆液和空气两种介质射流冲击破坏土体,即以高压泥浆泵等高压发生装置用 30 MPa 左右压力从内喷嘴中高速喷出浆液,并用 0.7 ~ 0.8 MPa 的压缩空气,从外喷嘴(气嘴)中喷出。在高压浆液射流和外圈环绕气流的共同作用下,破坏泥土的能量显著增大,与单管法相比,在相同压力作用下形成的凝结体长度可增加一倍左右。二管法用于加固软土地基及粉土、砂土、砾石、卵(碎)石等地层的防渗加固。

(3)三管法利用分别输送水、气、浆三种介质的三管,在压力达 30 ~ 60 MPa 超高压水喷射流的周围,环绕一股 0.7 ~ 0.8 MPa 圆筒状气流,利用水气同轴喷射,冲切土体,再另由泥浆泵注入压力为 0.1 ~ 1.0 MPa、浆量为 50 ~ 80 L/min 的稠浆。浆液多用于泥浆或黏土水泥浆,浆液相对密度可达 1.6 左右。当采用不同的喷射形式时,可在土层中形成各种不同形状的凝结体。由于三管法可用高压水泵直接压送清水,机械不易磨损,可使用较高的压力,形成的凝结体长度较二管法长。三管法除利用高压水冲击切割地层外,还利用约 40 MPa 的高压浆液进行充填,所以又叫二次切割法。它喷射的距离远,形成的桩径大。三管法用来加固淤泥地层以外的软土地基,以及各类砂土卵石等地层的防渗加固。

(四)劈裂灌浆

土坝劈裂灌浆是在土坝沿坝轴线布置钻孔,向土体内的孔内压水或灌浆时,浆液在灌浆压力的作用下对孔壁的岩体产生一定的应力作用,当这些应力超过土体的抗拉强度时,地层的土体或岩体结构发生扰动,以至于出现劈裂缝隙,浆液顺着裂隙流动侵入,在钻孔足够密集、压力足够大的情况下,在裂缝内灌注的泥浆形成竖直连续的浆体防渗墙。

其成墙的技术要点为：

(1)根据坝体应力分布规律,用一定的灌浆压力,将坝体沿轴线方向劈裂,同时灌注合适的泥浆,堵塞漏洞、裂缝或切断软弱层,形成垂直的防渗泥墙,提高坝体的防渗能力。

(2)劈裂灌浆的布孔,应按槽段等不同部位分别布孔设计,一般情况下,采用泥浆护壁、孔底灌注的施工方法。采用梅花桩型布置钻孔,孔间距一般为2 m左右,在河槽段,一般沿坝轴线单排布孔,如果坝体普遍碾压质量不好,则可2排或3排布孔。灌浆所用的土料,以粉质壤土为宜。

(3)造灌浆孔深度应比需要处理的隐患部位深至少2~3 m,泥墙的设计厚度一般可采用5~20 cm,应根据土坝土质、坝高情况等合理确定。

(4)泥墙的设计容重,可根据不同的土坝、不同的灌浆方法和浆液中黏粒含量多少提出要求,灌浆一年后应为1.4~1.6 t/m³。为加速浆液凝固和提高后期强度,可掺入适量水泥,水泥掺量可为15%左右,必要时通过试验确定。

(5)灌浆允许压力应经计算和现场试验确定。灌浆应采用孔底注浆全孔灌注和分序灌注,控制灌浆内劈外不劈,灌浆压力以坝体劈裂冒浆为原则。

(6)当灌浆孔过深时需分段进行,保证劈裂灌浆的效果和坝体在劈裂过程中的稳定。

该技术适用于坝高50 m以内的均质坝和宽心墙坝。对于坝高50 m以上的均质坝和宽心墙坝以及窄心墙坝要经过充分论证后确定。另外,该项施工要求在低水位下进行施工,灌浆压力不好控制,在灌浆过程中坝体容易失稳,对施工队伍的经验要求较高。

在灌浆期间,要观测灌浆孔附近的测压管、浸润线管,每1~2 h观测一次,灌浆结束后一个月恢复正常的观测频率。对比灌浆前后的渗漏量,关注下游背水坡浸润区的部位、面积以及含水量。

第五节 浆砌石坝防渗加固

浆砌石坝采用块石、条石等当地材料,用水泥砂浆胶结勾缝逐层砌筑而成,造价相对较省,且水泥为胶结材料,凝结后硬度和强度相对较高。浆砌石坝施工简单,在石料容易获取的地区的中小型水库筑坝中应用很广泛。《砌石坝设计规范》(SL 25—2006)中规定,砌石坝防渗设施可以采用下列几种形式:在坝体上游设置混凝土(钢筋混凝土)防渗面板;在靠近迎水面砌石体内设置混凝土防渗心墙。多数中小型水库使用的是面板防渗,但由于块石形状不规则,表面凹凸不平,块石之间缝隙难以用胶结材料完全填筑密实,外界的温差变化及其他的因素容易使勾缝脱离,因此以浆砌石防渗的坝体漏水现象较多。

一、渗漏的原因分析

浆砌石坝蓄水后,坝下游面、坝后基础及坝头接合部位有湿润水滴的地方称为渗水,这是一种较普遍的现象。若渗水发展成为管涌或渗水成流则称为漏水,漏水较严重的大坝一般都有较多的逸出点,且水量较大。漏水的主要原因有以下几点:

(1)坝体局部裂缝、断裂或坝面勾缝脱落引起漏水。

(2)坝体无防渗墙或施工质量差引起漏水,一般小型砌石坝不设防渗层,有些石料质量差,夹有层理和细小裂隙,抗渗能力低,在水压力作用下,水流很容易透过石料而形成浸湿面。

（3）清基不彻底或坝体与坝基结合不好,造成坝体坝基接触带渗漏和绕坝头渗漏。

（4）坝址基岩破碎、裂隙发育或灰岩地层造成坝基漏水。

（5）由于坝体长期受冻融、冲蚀、溶蚀和潜蚀作用,止水材料老化、腐烂或失去原有弹性而开裂或被挤出等引起伸缩止水破坏漏水。

浆砌石坝渗漏一般有以下几种情况:浆砌石砌筑质量差形成大面积散渗,贯穿性裂缝形成集中渗漏,结构止水损坏形成渗漏通道,基础中帷幕失效形成基础渗漏和绕坝渗漏。

二、坝体渗漏检查

检查浆砌石坝是否渗漏最简单可行的办法是在坝体造孔,在孔内进行压水试验,压水段长 3~5 m,控制压力 1.5 倍的挡水水头。若高坝透水率 $q \leq 1$ Lu、中等坝透水率 $q \leq 3$ Lu、低坝透水率 $q \leq 5$ Lu,则可以认为坝不漏水。这种办法的缺点是需要很多的钻孔才能覆盖整个坝体,代价还是比较高的,简单可行的办法可以利用物探技术进行探测,遇到明显异常地段可以考虑采用钻孔进行压水测试。

三、设计施工要点

根据《浆砌石坝设计规范》(SL 25—2006),浆砌石坝混凝土防渗加固面板的厚度要根据防止渗透破坏的要求确定,方法与土石坝混凝土防渗墙相同;同时考虑表面混凝土的结构和耐久性要求。面板厚度自顶向下逐渐增厚,顶部最小厚度不小于 30 cm,底部厚度一般为最大水头的 1/30~1/60。防渗面板嵌入岸坡基岩 1~2 m,并与坝基防渗设施连成整体。防渗面板的混凝土强度等级应满足抗渗、抗裂、抗冻和强度等要求,一般采用 C15~C25,抗渗等级为 W6~W8。

混凝土防渗面板应根据温度应力计算或参照已建工程的经验,配置钢筋,分布钢筋一般直径为 10~12 mm,纵横间距各为 20~30 cm。防渗面板与坝体之间可采用联系钢筋连接,并对大坝面板进行凿花处理,必要时可以涂刷混凝土界面剂,增强界面的黏附效果。

防渗面板和坝体存在一定的收缩变形,为了防止出现裂缝,防渗面板的浇筑需要分块进行,并在块之间留下适当间距的伸缩缝。如果间距过大面板往往产生裂缝,间距过小则会增加缝间止水和施工麻烦。常用的块间距为 10~15 m、缝宽度 1.0 cm。最好的情况是防渗面板和坝体的伸缩缝设置一致。

四、修补防渗面板

浆砌石坝贯穿性裂缝形成的集中渗水和止水损坏形成的渗漏情况处理与混凝土坝渗漏加固处理一样,基础渗漏和绕坝渗漏的加固与土石坝类似。大面积的散渗加固处理措施较多,比如加混凝土防渗板,加钢丝网混凝土或水泥喷浆护面,进行钻孔灌浆,或粘贴表面防渗层等。

对于防渗面板有破损的位置,且范围相对集中,可以对破损坝面重新剔缝,然后用高强度等级水泥砂浆、干硬性预缩水泥砂浆或用防水材料配制高强度等级水泥砂浆勾缝,提高坝面防渗漏能力及坝体稳定性、整体性和抗冻融、抗风浪淘刷能力。

对于整体已经受损严重的坝面,可以考虑在上游面增设防渗层。增设防渗层可以有以下三种选择:

(1)浇筑混凝土。该方法防渗效果好,属于常规方法施工,满足渗透稳定的要求,耐久性、可靠性很好。浇筑较厚的混凝土面板防渗,相当于重新改造大坝成为混凝土面板坝。

(2)喷混凝土。挂钢筋网,然后喷 5~20 cm 厚混凝土。该法防渗厚度较小,承受的渗透压力梯度较大,耐久性、可靠性相对浇筑混凝土方法差一些。

(3)聚合物水泥砂浆。在坝表面涂抹 2~3 cm 厚聚合物水泥砂浆。该法优点是抗拉强度高、弹性模量值低、极限拉伸大、干缩率小等,造价也相对较低;缺点是施工工艺要求高,质量难以得到保证,砂浆与砌体的黏结力、耐久性有待于试验研究和工程实践检验。

五、灌浆防渗处理

(一)灌浆防渗处理方法

除面板的大面积散渗情况,还有其他的渗漏需要处理,处理时要切合实际选择方法:

(1)坝体、坝基帷幕灌浆。主要充填漏洞和缝隙,防渗减漏,通过灌浆加固,形成防渗体。此方法适用于浆砌石重力坝。

(2)坝上游面固结灌浆。堵塞漏洞和缝隙,加固补强坝体和提高防渗性能,以进一步提高坝体的承载能力和完整性。

(3)坝下游面追踪固结灌浆。在下游坝面有漏水或溶蚀物逸出的地方,造水平孔或斜孔,埋注浆管进行灌浆,以堵塞漏水通道和坝体空洞、裂缝,加固坝体,增加坝面稳定性和抗冲刷能力。

(二)灌浆前的勘探与试验

为准确地确定各种灌浆参数,保证质量,首先要进行勘探和试验。

(1)坝体和坝基勘探。目的是查清坝体和坝基的现状,为设计和施工提供依据。首先在典型漏水部位进行钻孔勘探,查明坝体内部的石质、胶结材料密实程度,有无空洞及基岩结构情况等。

(2)压力抬动试验。目的是查明坝基、坝体的承压情况,以确定灌浆压力。在不破坏原结构的条件下,有效地将浆液压入坝体内部、基岩裂缝、砂砾石层中,以保证灌浆效果。

(3)压水试验。目的是为帷幕及固结灌浆设计提供准确的数据,并指导施工,保证效果。选择坝体或坝基典型部位,按照《水利水电工程钻孔压水试验规程》(SL 31—2003)进行工作,试验压力采用设计灌浆压力,根据试验结果、单位吸水量(W)的大小,确定浆液的浓度、吃浆量。W 值越大,吃浆量越大,浆液就要适当变浓。

(4)灌浆试验。目的是解决帷幕灌浆和固结灌浆的影响半径、浆液浓度及其他参数等。

第六节　混凝土坝防渗加固

一、渗漏的原因及危害

(一)渗漏的原因

混凝土大坝产生渗漏的原因较多,可归纳如下:

(1)因勘探工作不细,地基中留有隐患未能发现或处理措施不够,甚至遗留库区直通坝外的基岩裂隙等,水库蓄水后引起渗漏,或地基产生不均匀沉陷导致坝体裂缝漏水。

(2)由于设计不当,混凝土在某种应力作用下产生裂缝,成为漏水通道。

(3)施工质量差。如灌浆帷幕质量不好;对大坝混凝土温控不严,坝体内外温差过大产生裂缝;振捣不密实,使坝体内部产生局部缝隙;地基处理不当,使坝体产生沉陷裂缝;与两岸山体、地基嵌入接触不良,存在渗漏通道等,都会导致渗漏的产生。

(4)运行期间由于物理、化学等因素的作用,帷幕损坏、伸缩结构止水破坏或沥青老化、混凝土抗渗性能降低等,以及强烈地震和其他破坏作用,都可能产生渗漏。

(二)渗漏的危害

混凝土大坝渗漏情况有:坝体贯穿性裂缝形成集中渗水;结构止水损坏形成渗漏;基础帷幕灌浆失效或遗留薄弱区域形成的基础渗漏和绕坝渗漏。

渗漏会使坝体内部产生较大的渗透压力和上浮托力,甚至危及坝体的稳定与安全;对于侵蚀性的水,渗漏会使混凝土产生侵蚀破坏而降低强度,缩短使用寿命。在严寒地区,还会使混凝土含水量增大,渗漏水露头处产生冻融破坏。坝基和接触渗漏不仅影响水库蓄水,还可能使地基产生渗漏变形,严重时将危及大坝安全,加速混凝土坝体的老化,缩短大坝的寿命,同时渗漏会导致水量损失而影响经济效益和社会效益。

二、渗漏调查

根据《混凝土坝养护修理规程》(SL 230—2005)的规定,混凝土建筑物的检查包括日常检查、年度检查、特别检查,这些检查同样适用于渗漏的调查工作。

(一)坝体检查的内容

(1)相邻坝段之间有无错动。

(2)伸缩缝开合和止水工作情况是否正常。

(3)坝顶、上下游坝面、宽缝、廊道有无裂缝,裂缝有无渗漏和溶蚀情况。

(4)混凝土有无渗漏、溶蚀、侵蚀和冻害等情况。

(5)坝体排水孔的工作状态是否正常,渗漏水量和水质有无明显变化。

(二)坝基和坝肩检查的内容

(1)基础有无挤压、错动、松动和鼓出。

(2)坝体与基岩或岸坡结合处有无错动、开裂、脱离和渗漏情况。

(3)两岸坝肩区有无裂缝、滑坡、溶蚀、绕渗及水土流失情况。

(4)基础防渗排水设施的工况是否正常,有无溶蚀,渗漏水量和水质有无变化,上扬压力是否超限。

（三）基本调查的内容

（1）渗漏状况。渗漏类型、部位和范围，渗漏水来源、途径、是否为水库来水、渗漏量、压力、流速等。

（2）溶蚀状况。部位，渗析物质的颜色、形状、数量。

（3）安全监测资料。变形、渗流、温度、应力及水位等。

（4）设计资料。设计依据的规范、设计图、设计说明书、设计选用的材料及其性能指标、地质资料等。

（5）施工情况。材料、配比、试验数据、浇筑及养护、质量控制记录、工程进度、施工环境、竣工资料、验收报告等。

（6）运行管理情况。水位、温度、地下水的变化，混凝土养护管理情况等。

（四）复杂工程补充调查的内容

（1）渗漏状况的详查，分析渗漏量与库水位、温度、湿度、时间的关系。

（2）工程水文地质状况和水质分析。

（3）按实际作用（荷载）进行设计复核。

（4）取样测定混凝土抗压强度、容重、抗渗等级和弹性模量等。

经补充调查仍不能查明渗漏水来源及途径的，应进行专题研究。

三、渗漏成因分析和处理的判断

渗漏发生的部位可以分为坝体渗漏、伸缩缝渗漏、基础及绕坝渗漏。渗漏的原因有材料、设计、施工、管理以及其他等。根据调查结果有下列情况之一的应判为需要处理：

（1）作用（荷载）、变形、扬压力值超过设计允许范围。

（2）影响大坝耐久性、防水性。

（3）基础出现管涌、流土及溶蚀等渗透破坏。

（4）伸缩缝的止水结构、基础帷幕、排水等设施损坏。

（5）基础渗漏量突变或超过设计允许值。

四、渗漏处理原则

（1）渗漏处理的目的是堵塞渗漏，消除渗漏引起的混凝土大坝的危险因素，提高大坝安全性，延长使用寿命。

（2）渗漏的处理方案应根据渗漏调查、成因分析及渗漏处理判断结果，结合具体混凝土大坝的结构特点、自然条件、作业空间等因素，选择适当的修补处理方法。

（3）渗漏处理的基本原则是上截下排，以截为主、以排为辅。渗漏宜在迎水面封堵，既可以直接止水，成功率高，还可以防止渗漏水进入坝体裂缝，对大坝造成侵蚀和溶蚀，降低内部渗透压力，有利于大坝稳定。不能降低上游水位时宜采用水下修补，不影响结构安全时也可在背水面封堵。

（4）选择修补材料时，要考虑修补材料在特定环境下的耐久性。

五、集中渗漏的处理方法

对于小范围的集中渗漏,根据渗漏水的压力大小,可以采用下面几种方法处理。

(一)直接堵塞法

采用直接堵塞法施工时,先沿缝面凿槽,应该凿成内大外小的燕尾槽,不宜凿成上大下小的楔形槽,并冲洗干净;外面再涂抹防水砂浆保护层(防水水泥砂浆、环氧砂浆、丙乳砂浆等)。

(二)导管堵漏法

导管堵漏法适用于水压较大(1~4 m 水头)且漏水空洞较大的情况。施工时先将导管插入孔中,使水顺管流出,导管四周用快凝止水砂浆封堵,凝固后拔出导管;然后按照直接堵漏的方法用快凝止水砂浆封堵导管孔。

(三)木楔堵塞法

木楔堵塞法适用于水压大(水头大于 4 m)且漏水孔洞较大的情况。施工时先把漏水处凿成圆孔,将一根比孔洞深度短的铁管插入孔中,使水从管中流出;然后铁管四周用快凝止水砂浆封堵,凝固后将裹有棉纱的木楔打入铁管堵水;最后用防水砂浆覆盖保护。

(四)灌浆堵漏法

灌浆堵漏法适用于水压较大、孔洞较大且漏水量大的孔洞,也适用于密实性差、内部蜂窝孔隙较大的混凝土渗漏处理和回填。灌浆材料可以用水泥、水玻璃、丙凝、丙烯酸盐及其混合材料。目前使用最广泛的材料是氰凝和水溶性聚氨酯类。

施工时首先将孔口扩成喇叭状,并冲洗干净;然后用快凝砂浆埋设灌浆管,使漏水从管内导出,用高强砂浆回填管口四周到原混凝土面,砂浆强度达到设计要求后进行顶水灌浆,灌浆压力为 0.2~0.4 MPa;灌浆完毕关紧灌浆阀门,等浆液凝固后再行拆除。

六、大面积散渗处理方法

大面积的渗漏处理应尽量先将水位降低,以能在无水情况下直接施工且能在迎水面作业为最佳。当不能降低水位且在迎水面作业时,应先导渗降压。在渗漏最严重的部位开凿钻孔,埋入导管排水,降低混凝土内部的渗水压力,便于在混凝土表面进行施工。待防渗层达到一定强度后,再堵塞排水孔。散渗处理可采用表面涂抹粘贴法、喷射混凝土(砂浆)法、防渗面板法、灌浆法等。

(1)表面涂抹粘贴法。适用于混凝土轻微散渗处理,材料可选用各种有机或无机防水涂料及玻璃钢等。混凝土表面凿毛,清除破损混凝土并冲洗干净;采用快速堵漏材料对出渗点强制封堵,使混凝土表面干燥;基面处理和涂抹施工首先用钢丝刷或风砂枪清除表面附着物和污垢,并凿毛、冲洗干净;混凝土表面气孔可用树脂类材料充填,对凹处先涂刷一层树脂基液,后用树脂砂浆抹平;喷涂或涂刷 2~3 遍,第一遍喷涂采用经稀释的涂料,涂膜总厚度应大于 1 mm。

粘贴玻璃钢施工的混凝土表面应清刷干净和保持干燥,用树脂腻料找平;有较大裂缝或缺陷时应作灌浆处理;玻璃丝布必须除蜡,并用清水漂洗晾干;一次配制胶黏剂和腻料的数量不宜过多,做到随配随用;基面涂刷胶黏剂,粘贴玻璃丝布,粘贴层数不宜少于 3

层,各层应无气泡、无折皱、密实平整;施工环境温度宜为 10~25 ℃,不应在温度过高、过低或雨天、雾天施工;施工结束后宜干燥养护不少于 3 d。

（2）喷射混凝土（砂浆）法。适用于迎水面大面积散渗的处理。施工方法有干式、湿式和半湿式三种。对有渗水的受喷面宜采用干式喷射,无渗水的受喷面宜采用半湿式或湿式喷射。喷射厚度在 5 cm 以下时,宜采用喷射砂浆;厚度为 5~10 cm 时,宜采用喷射混凝土或钢丝网喷射混凝土;厚度为 10~20 cm 时,宜采用钢筋网喷射混凝土或钢纤维喷射混凝土。喷射混凝土（砂浆）施工参照《水利水电地下工程锚喷支护施工技术规范》（SL 377—2007）、《锚杆喷射混凝土支护技术规范》（GB 50086—2001）的规定执行。

（3）增加混凝土或钢筋混凝土防渗面板。防渗面板适用于严重渗漏、抗渗性能差的迎水面处理;材料可选用水泥混凝土、沥青混凝土等;水泥混凝土施工应按《水工混凝土施工规范》（SL 677—2014）的规定执行。

第五章　大坝渗漏探测方法

中小型病险水库多数是土石坝,其发生的病害中最影响运行安全的是渗漏,大坝防渗加固工作分为垂直防渗和水平防渗。垂直防渗与水平防渗相比,截流效果好,主要的垂直防渗措施有:混凝土防渗墙(普通混凝土、黏土混凝土和塑性混凝土等)、薄壁混凝土防渗墙、深层搅拌连续墙、高压喷射防渗墙(定喷、摆喷和旋喷)、垂直铺塑防渗、冲抓套井防渗、振动沉模防渗、各类灌浆方法等。

当防渗体系存在弱点或薄弱环节时,在特定的条件下就会形成渗透带,渗透带在一段时期的水流挟带作用和侵蚀作用下,会慢慢地将一些细颗粒带走,或将一些容易侵蚀剥离的岩层成分溶解在水中挟带流走,渐渐形成了渗漏通道,长此下去就会影响大坝的安全运行。目前有很多大坝出现了这样那样的问题,一些已经成为病险水库,在汛期只能低水位运行,影响了使用功能,对下游构成安全威胁。

对于目前的大坝渗漏,一般情况下需要进行探测,查明渗漏的位置和特点,结合设计部门的建议,有针对性地进行加固处理,排除隐患,确保下游人民生命财产安全。渗漏探测的方法主要有自然电位法、充电法、温度场测试法等几种,通过一种或几种方法的组合,相互验证能够较好的解决大坝的渗漏问题。

第一节　自然电位法

在岩土体内产生的自然电位有三种原因:一是水与固体物质产生化学反应;二是地电流产生的电位;三是水中的离子随水流动产生的电位等。由于水流电动势与水的流动密切相关,测量水流的电动势就可以知道地下或建筑物中水的流动情况。这种方法是土石坝探测渗漏的重要方法之一。

一、过滤电场

一般情况下,物质是电中性的,但在一定条件下会发生自然极化,形成一定的电位差。地下水在岩石中流过时将带走部分阳离子,于是上游就会留下多余的负电荷,而下游有多余的正电荷,破坏了正负电荷的平衡,形成了极化。这种结果将使沿水流方向形成电位差。在电法勘探中称之为过滤电场。自然电场法就是利用形成电场的条件,通过测试过滤电场的电位,确定地下水流向及地下水与地表水的补给关系(见图5-1、图5-2)。

过滤电场 E 与引起溶液在孔隙中流动的压力差(ΔP)、溶液电阻率(ρ)及溶液黏度(μ)之间的关系可以用下式表示:

$$E = \frac{k}{\mu}\rho\Delta P \tag{5-1}$$

式中:k 为过滤电动势系数,它与溶液的浓度及化学成分有关;ρ 为溶液电阻率,$\Omega \cdot m$;ΔP

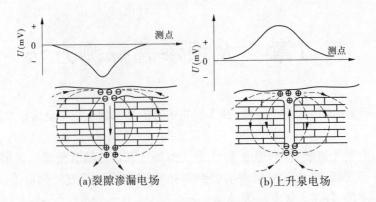

(a)裂隙渗漏电场　　　　　　　(b)上升泉电场

图 5-1　裂隙渗漏和上升泉电场示意图

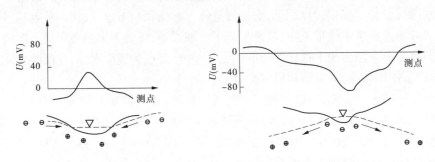

图 5-2　河流电场示意图

为水柱高度,m;

二、扩散 – 吸附电场

当不同浓度的溶液接触时,溶质由浓度大的溶液扩散到浓度小的溶液,以达到浓度平衡。通常情况下,由于正负离子质量不同,因此它们的迁移速度也不同,其结果是在不同浓度的界面上形成双电层,产生了电位差。由此形成的电场就是扩散电场。

在自然条件下,地下水中的扩散运动是在岩石孔隙、裂缝中进行的,而岩石颗粒表面具有吸附离子的特性,吸附作用必然对扩散作用产生影响,所以把在吸附作用影响下因扩散作用产生的自然电场称为扩散 – 吸附电场。一般情况下,在浓度小的溶液中有多余的负离子呈负电位,浓度大的溶液有多余的正离子呈正电位。

河流和水库中的水体矿化度一般较低,沿着堤坝横断面由上游至下游矿化度逐渐升高,到下游排水系统最高。因此,堤坝扩散 – 吸附电场的电位沿堤坝断面从上游至下游逐渐增大,在排水系统处达到最大。

三、氧化还原电场

地下岩矿石中电子导电体由于氧化还原反应而产生的电场称氧化还原电场。在氧化还原过程中,由于被氧化的介质失去电子而带正电,被还原的介质得到电子而带负电,这样在两种介质之间便产生了电场。

堤坝或渗流中的物质在氧化还原环境中进行氧化还原电化学反应时,便形成了氧化还原电动势,氧化环境呈负电位,还原环境呈正电位。形成氧化还原电场最有利的条件是,电子导体赋存在含孔隙水的围堰中,且一部分处于地下水面之上的氧化环境里,另一部分处在地下水之下的还原环境里。

四、工作方法

在野外观测时通常采用两种方法:电位法和梯度法。电位法以固定点作为基点,沿测线按照合适的间距测量自然电位,通过绘制自然电位的曲线或等势图,确定渗漏区域的位置。梯度法是将测量电极放置在同一条测线的相邻 2 个测点上,观测它们之间的电位差。

实际工作中多采用电位法,因为电位法观测比较准确,技术上也较简单,观测结果的整理也不复杂,只有当大地电流和游散电流干扰很大、应用电位法观测有困难时,才采用梯度法。

五、仪器设备

自然电场法所用仪器设备比较简单,一对测量电极、导线与仪器相连便构成了测量回路。为保证对自然电场进行可靠观测,要求具有较高输入阻抗的直流激电仪或直流电法仪(见图 5-3、图 5-4)。测量电极则必须使用不极化电极来代替铜电极,以减小两极间的极差。常用不极化电极有 $Cu—CuSO_4$ 和 $Pb—PbCl_2$,如图 5-5 所示。

图 5-3 WDDS - 2 多功能数字直流激电仪   图 5-4 DZD - 6A 多功能直流电法仪

不极化电极用底部不涂釉的瓷罐盛硫酸铜饱和溶液,将纯铜棒浸入溶液中,铜棒上端可以连接导线。当瓷罐置于地表土壤中时,硫酸铜溶液内的铜离子可通过瓷罐底部的细孔进入土壤,使铜棒与土壤之间形成电的通路。铜棒浸在同种离子的饱和溶液中,并不与土壤直接接触,因此在土壤和电极之间不会产生极化作用。由于作为测量电极的 2 个不极化电极中,2 个铜棒与硫酸铜之间产生的电极电位是基本相等的,因此它们之间的极化电位差接近于零(实际工作中要求两电极间的极化电位差小于 2 mV)。可见,采用这种电极能避免电极的极化作用和电极间产生的极差对测量的影响,使测定值只与自然电场的电位差有关。

不极化电极　　　　　固体不极化电极

图 5-5　不极化电极

六、在渗漏水流方面的应用

过滤电场的方向与地下水流的方向有关。在地下水埋藏不深、流速较大和地形比较平坦的条件下,应用自然电场法可以确定地下水的流向。野外观测方式常采用电位梯度环形测量法,即在一个测点上用 2 个不极化电极沿直径 2 倍于地下水埋深的圆周,观测不同方位的自然电位差,然后将观测结果绘成极形图。正常情况下,在地下水流方向上测得的电位差最大;而在与其垂直的方向上,电位差观测值应为零,故电位差极形图成 8字形。在自然条件下,由于地下水运动的不均匀性和其他干扰,实测极形图多呈椭圆形,其长轴方向为地下水运动的轴向;而水流方向由沿长轴方向获得的电位差的极性确定,即水流方向由负电位指向正电位,利用这种测试水流方向的方法可以间接地探测出测点是否存在渗漏。

另外,还可以在无穷远处埋设一个不极化电极 N,方向最好是垂直于大坝,在条件不允许的情况下,可以适当改变;然后用不极化电极 M 在计划探测的测线上按照既定的点距测量电位。如果是土石坝渗漏的探测,则沿探测的目标体也就是大坝的坝轴线布置测线,一般情况下,需要基本平行于防渗轴线在坝前、坝顶、坝后布设至少三条测线。测点的点距根据精度的需要和现场情况确定,一般设定为 0.5 ~ 2 m,确保测得的数据能够覆盖整个大坝,这样在渗漏点上方的测线上测得的电位值会随着测点位置的不同而不同。

资料整理时,建立自定义坐标系或者利用现场测量的坐标,将测量数据归一后绘制曲线,画出异常带,以整条测线的背景值为参考,异常幅度以达到背景值的 1.5 倍为宜。由于出现异常电位的大小或者曲线上的形态与渗漏的埋深有关,在渗漏位置会出现较大的电位数值,或者是渐渐的增大并在某处形成局部跳跃的弧状峰值,因此根据电位曲线大致确定了渗漏对应的水平位置和埋深。在判断渗漏范围时,要综合考虑工作时的水库水位、测线所处的位置,以及测点所处的高程,考虑这些因素后就能够比较准确地画出渗漏的位置,并初步判断其所在的高程。

由于大坝的规模比较大,而渗漏点往往比较小,要想确定渗漏的通道位置,仅仅一个渗漏异常位置是不行的,需要在大坝的前后布置多条测线并获取渗漏异常位置,将渗漏异常位置连接起来就是获得的渗漏通道,当然需要其他方法的佐证来提高可信度,避免一些人为因素或干扰造成误判。

七、影响因素

(1)自然电位法受到地下工业游散电流的影响,因此在工作时需要注意数据的可靠性。

(2)不极化电极的极差,按照规程要求不能大于 2 mV。

(3)不极化电极的接地条件要保障,不然会由于接地问题引起假异常,由此异常判断渗漏时会发生错判。

第二节　充电法

充电法是一个比较常用的电法,在很多方面都有应用。矿藏勘察中,如果发现了矿脉露头,把供电的一个电极连接到露头上进行充电,整个矿脉形成一个等势体,利用充电法追踪整个矿脉的走势。

充电法的原理是当某个物性体具有良好的导电性时,将电源的一个极直接连接到导电体上,而将另一极置于无限远的地方,该良导电体便成为带有积累电荷的充电体(近似等位体),带电等位体的电场与其本身的形状、大小、埋藏深度有关。研究这个充电体在地表的位置及其随距离的变化规律,便可推断这个充电体的形状、走向、位置等。

充电法可以解决的地质问题有:确定露头矿脉的形状、产状、规模、平面分布情况,利用单井测试地下水的流速、流向,追踪地下金属管线等。

一、观测方法和方式

充电法中主要有电位法、电位梯度法和直接追索等位线法三种观测方式。

电位法是将一个测量电极 N 固定在远离测区的边缘,作为电位零值点;另一测量电极 M 则沿测线逐点移动,观测其相对于 N 极的电位差,作为 M 极所在测点的电位值 U,同时观测供电(即充电)电流 I,计算归一化电位值 U/I。

电位梯度法是使测量电极 M 和 N 保持一定距离(通常为 1~2 个测点距),沿测线一起移动,逐点进行电位差 ΔU 和供电电流 I 的观测,计算归一化电位梯度值 $\Delta U /(MN \cdot I)$。记录点为 MN 的中点。由于电位梯度值有正、负之分,故观测时要注意待测电位差 ΔU 的符号变化。

直接追索等位线法是利用测量电极 M、N 及连在其间的 10~20 m 导线和检流计组成的追索线路,在测区内直接追索充电电场的等电位线。

前两种观测方式是目前野外生产常采用的方式,特别是电位梯度法,其装置轻便、梯度曲线分辨力较强,故在充电法中最常用。直接追索等位线法生产效率较低,又仅能获得等电位线资料,故很少用于面积性测量,只在用充电法确定地下水流向和流速时应用。

二、在渗漏探测上的应用

(一)地表充电

充电法通常假定良导体为理想导体或近似看作理想导体,在局部地表出露或被某种勘察方法揭露后,如果向这种天然或人工露头充电,并观测其电场的分布,便可据此推断地下良导地质体(矿体或高度矿化地下水)及其围岩矿石的电性分布情况,解决某种地质问题。在渗漏点设置供电电极 A,设置两个无穷远(一个供电无穷远 B,一个测量无穷远 N),用另一个测量电极 M 测试测线上的电位,进行归一化处理,就可以判断渗漏的位置。刘康和等将充电法在某输水工程渗漏探测中进行了应用。

(二)钻孔中充电

当导电球体的规模不大或埋藏较深时,可用"简单加倍"的方法近似地考虑地球空气分界面对水平地表电场的影响。理想导电球体的充电电场实际上与位于球心的点电源场没有区别,后者乃是充电法的正常场。若导电球体位于电阻率为 ρ 的均匀岩石中,球心埋深为 h_0,对球体的充电电流为 I,则按地下点电流源电场可写出地表电位的表达式

$$U = \frac{I\rho}{2\pi} \frac{1}{(x^2 + y^2 + h_0^2)^{1/2}} \tag{5-2}$$

式中,x 和 y 是以球心为坐标原点的地面观测点的坐标。沿测线 x 方向的电位梯度为

$$\frac{U}{x} = \frac{I\rho}{2\pi} \frac{x}{(x^2 + y^2 + h_0^2)^{3/2}} \tag{5-3}$$

令式(5-2)左右端等于常数,可得地面等位线方程为

$$x^2 + y^2 + h_0^2 = 常数 \tag{5-4}$$

这表明地面等位线是以球心在地面投影点为中心的一簇同心圆。

在钻孔中充电,N 极放置无穷远,这样孔中的充电点可以认为是一个点电源,常规地面观测的等位线是以钻孔位置为中心的同心圆。根据这一特性,充电法还可以利用水文勘探孔观测地表电位,用来确定地下水的流速及流向。具体做法是:把食盐作为指示剂投入井中,盐被地下水溶解后便形成随地下水移动的良导盐水体;然后对良导盐水充电,并在地表布设夹角为 45°的辐射状测线;最后按一定的时间间隔来追索等位线,地面观测到的等位线反映了盐晕的形态,根据不同时间里地面等位线的形态变化,便可了解地下水的运动情况。为了便于比较,一般在投盐前进行正常场测量,若围岩为均匀和各向同性介质,则正常场等位线应近似为一个圆。投盐后测量异常等位线,含盐水溶液沿地下水流动方向缓慢移动,因而使等位线沿水流方向具有拉长的形态。显然,在经过 Δt 时间后,盐溶液移动了 L 长的距离,于是地下水的流速为

$$v = \frac{L}{\Delta t} \tag{5-5}$$

另外,从正常等位线的中心与异常等位线中心的连线便可确定地下水的流向。在探测坝体渗漏的时候,多个钻孔可以判断流速最大的位置和流向,据此就能确定出来渗漏的位置。

(三)渗出点充电

充电法还常用在地下暗河的追踪上,在渗漏探测的时候可以把渗漏通道看作地下暗

河,把充电的点放在渗漏出口处,然后沿着平行于大坝坝轴线的方向布设测线,沿着测线的方向进行电位或梯度测量,并根据测试点的位置绘制出电位曲线图或梯度曲线图,经过简单的处理就可以得到渗漏通道在平面的投影位置。

第三节　温度场测试法

利用测试温度场的方法探测堤坝渗漏是物探技术的一个延伸,这一方法是在勘探地下水进行地温研究时受到启发的,是一个很有前途的方法。20世纪70年代,美国、德国的一些研究人员把温度作为一种天然示踪剂来研究。由于地表温度与库水的表层温度是随气温变化而变化的,深部地下水的温度与岩体的温度有关,受季节性温度变化影响很小,而由降雨造成山坡渗水的温度变化与地表温度有关,库水、地下水及山坡渗水三者的温度变化规律是不同的,所以通过对孔水、库水进行不同高程的温度测试,便可确定不同层位的温度场变化。在地下水渗漏地带将会出现温度异常区,通常显示为低温。如果渗漏水是由山坡渗水引起的,则夏季通常显示为高温,并呈季节性变化。

将地下水温度场中高温区域或低温区域看作是一个热源,把渗漏出水点的温度与在水库沿垂直方向上测量出来的水的温度断面进行比较,就可大致知道这水是来自于水库的哪一深度,当然还要考虑渗漏通道长短的影响。出水点如果距离大坝较远则这个测试的效果就受到影响。

若在一段时间内堤坝的渗漏流速变化相对较小,渗漏水可以看作是一个持续作用的线热源,在这段时间内线热源的强度与渗漏流速是相关的,这样就可以研究管涌渗漏对地层温度的影响,并利用热源法的原理构建管涌渗漏的持续线热源法模型。目前温度场探测渗漏是渗漏专家热心研究的课题,还处在上升提高阶段。

一、国内外的研究状况

王新建等认为温度场探测堤坝集中渗漏的研究过程大致可分为4个阶段。温度场探测堤坝渗漏国外起步较早,完全定性分析阶段是利用温度探测堤坝渗漏的探索阶段,这一阶段的研究都是定性分析。1965年起在美国加利福尼亚州塞米诺土坝上首次进行了一项为期3年的实测研究。通过观测发现,6月测出的低温区正是沿下游坝面观察到的渗流量较大区,得出低温和大量渗漏存在联系,温度测值和抽水试验所得到的渗透系数有很好的负线性相关关系。还有研究认为,流动的地下水会产生冷却的效果,因而地温相对较低的部位可能存在流动的地下水。该阶段的主要特点是绘制曲线,反映堤坝的温度异常,参考外界温度确定堤坝存在渗漏。

温度探测堤坝渗漏的第二个研究阶段,是借鉴热传导理论建立土体温度探测理论模型。由于这些模型是基于原理性的,建立在十分理想的条件下,加之所需要的热物理参数实测很困难,因此并没有利用这些模型计算实际问题,而是进行定性分析。

第三阶段是模型初步应用阶段,利用数学分析的方法求解导热的定解问题,该研究阶段的特点是在模型化的基础上取得了定量计算的长足发展,在利用温度场计算渗漏通道的参数上有了很大进展,常用的求解方法有分离变量法、格林函数法、虚拟热源法等。

第四阶段是系统化理论模型阶段,建立了考虑渗流影响的复杂边界条件下的土体热传导模型,求解了简化边界条件后的解析解,并把方程解作变量转换,把渗漏通道位置和其他参数作为未知变量,建立目标方程,最后利用反分析技术实现用温度场探测渗漏通道位置。

李瑞有等进行了土石坝渗流场和温度场的综合模型的研究,采用有限元的方法计算土石坝的温度场。陈建生等从热传导理论出发,建立了受渗漏影响的温度场模型。

二、当前温度场测试应用

一般情况下,没有渗漏存在的土石坝内部的温度受热传递作用的影响,表层的温度仅受季节温度变化的控制,越趋近表面,温度越接近于坝体附近的空气温度。由于土体导热性能差,大坝的内部温度场分布几乎是均匀的。当内部存在着渗漏流水时,改变了土石坝内部的导热能力,改变了内部温度场均匀的特性,分析测量的温度场数据,研究该处的正常地温及库区各个深度的参考水温,就可以确定温度异常的坝区的温度改变是否是渗漏引起的。根据这一特征,在不同的温度环境下测量几次,或者监测温度异常区域就可以确定渗漏的位置,为加固防渗处理提供参考。

通过绘制堤坝中的温度曲线或平面温度曲线,再参考堤坝环境(库水或江水、大气)温度变化特征,进而判断堤坝是否存在渗漏。绘制的曲线有两类:一是垂向温度变化曲线;二是水平向温度曲线。为了充分证明温度探测渗漏的可靠性,绘制了不同深度的水平温度曲线,若某位置存在渗漏通道,则该位置不同深度处的温度都有不同程度的异常。把温度异常曲线和其他物探曲线作定性对比,或联合起来作渗漏分析,定性分析地下水渗漏的流速,判定堤坝渗漏的位置。

利用大坝上水文观测孔,或通过其他方法确定了渗漏异常区域后重新布置一些钻孔,在孔中观测水温,具体方法是:先测定钻孔中的水位,然后将数字温度计下到水中,每间隔一定的深度,测定一次水温,测定水温时要在相应的深度停留几分钟后开始测试,这样能保证测试温度的可靠性。通过测试水温的变化,能够确定渗漏水流的层位,也就相应地得到了渗漏进水口的空间位置。

第四节　高密度电法

自然界中所有物质都有属于自身独特的电性特征,其中电阻率和介电常数是其中很重要的物理量,它不仅与介质本身的性质有关,而且与介质中含水量的关系密切。介质中的含水量增大,电阻率明显减小而介电常数变大。岩层地质体和其自身电阻率的相关性就是开展电法工作的基础,常规的电阻率法有三极、四极、偶极等装置形式,在野外工作需要几个工作人员按照电极装置参数要求的位置跑极,效率比较低。

高密度电法的工作原理与传统的电阻率法完全相同,它仍然是以岩(矿)石的导电性差异为基础的一种探测方法,研究在施加电场的作用下,地下传导电流的分布规律,其技术核心是在观测上采用阵列电极系统、数据处理上实施2维或3维反演,由实测的视电阻率值得到真电阻率的分布图像。相对于传统的直流电阻率法来说,高密度电法的优点主要体现在一次敷设电极,多种装置数据采集,滚动前进,自动采集,是自动化技术和直流电阻率法的完美结合。由于它采集数据量大,信息丰富,因而对地电分辨率高,并兼有剖面和测深的特点,大大提高了野外工作效率和解决实际问题的能力。其优点是图像清晰直观;缺点是探测深度较浅(不超过200 m),且到了一定的深度,精度受到影响。

一、高密度电法仪器设备

高密度电法自动采集起源于20世纪70年代末期,英国学者所设计的电测深偏置系统实际上就是其最初模式。80年代中期,日本地质计测株式会社曾借助电极转换板实现了野外高密度电法的数据采集,只是由于整体设计得不够完善,并没有充分发挥高密度电法的优越性。到了80年代后期,我国原地质矿产部系统率先开展了高密度电法及其应用技术研究,通过不懈努力,研制成多款不同型号的仪器。

目前,研究高密度电法技术和仪器的主要有中国地质大学等,生产仪器的有吉林大学、重庆的有关仪器厂家。近年来,该方法先后在重大场地的工程地质调查、坝基及桥墩选址、采空区及地裂缝探测等众多工程勘察领域取得了明显的地质效果和显著的社会、经济效益。

二、高密度电法的装置情况

高密度电法的排列方式有 α、β 和 γ 等多种,但基本的排列是对称四极(Schlumberger)、偶极-偶极(dipole-dipole)、单极-偶极(pole-dipole)、单极-单极(pole-pole)(见图5-6),其他的排列形式是从这些基本形式演变出来的。

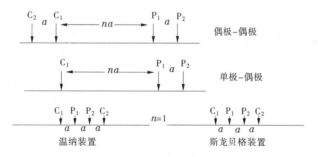

图5-6 高密度电法基本排列示意图

高密度电法野外采集是通过电极的滚动铺设呈阵列装置形式实现的,排列的长度和电极距大小影响着数据剖面对目标体深度和规模的反应能力。一般情况下,电极距越小探测的精度相对越高;如果电极数固定不变,电极间距减小,排列的长度也相应减小,这样减小了剖面的探测深度,也就影响了对深埋地质体的探测能力,一般情况下,最小极距应为探测深度的1/10~1/15,如果极距太小而超出了这个范围就有可能出现随机的假象。因此,在野外采集资料前应先收集目标的基本资料,对其大小和空间分布有初步的了解,然后做试验工作,根据试验的情况设计合适的数据采集排列参数,使探测采集的数据能反映出目标体规模大小和空间分布的情况。

三、高密度电法的数据反演

对于采集回来的数据,需要经过简单的预处理,即进行单条测线数据的拼接,按照一定的格式编辑测量地形数据、剔除畸变点等工作,以使其能够适应反演处理软件的需求。

目前常用的高密度反演软件有国外 M. H. Loke 工作组开发的 Res2dinv 软件,中国地质大学研发的 2.5 维反演软件和河北廊坊中石油物探所研发的电法工作站。

采用 Res2dinv 软件进行高密度电法数据反演,主要基于圆滑约束最小二乘法,使大数据量的计算速度比常规的最小二乘法快 10 倍以上,且节省内存。本书研究所用的高密度电法反演软件就是 Res2dinv,它的原理如下:

在进行反演二维的模型时,把地下介质分为许多模型小块(见图 5-7),然后确定这些子块的电阻率,反演就是使计算出的视电阻率拟断面与实测拟断面的电阻率相吻合。每一层的厚度与电极距之间设定一定的比例关系,通过迭代最小二乘法调整模型块的电阻率来减少正演电阻率值与实测值之间的差异,这个差异一般用均方误差来衡量。但在多数情况下,最低均方误差值的模型却不一定是最符合实际的模型。一般衡量标准是选取迭代后均方误差不再明显改变的模型。圆滑约束最小二乘法基于以下方程:

$$(\boldsymbol{J}^\mathrm{T}\boldsymbol{J} + u\boldsymbol{F})\boldsymbol{d} = \boldsymbol{J}^\mathrm{T}\boldsymbol{g} \tag{5-6}$$
$$\boldsymbol{F} = (\boldsymbol{f}_x\boldsymbol{f}_x^\mathrm{T} + \boldsymbol{f}_z\boldsymbol{f}_z^\mathrm{T})$$

式中:$\boldsymbol{f}_x$ 和 $\boldsymbol{f}_z$ 分别表示水平平滑滤波系数和垂直平滑滤波系数矩阵;$\boldsymbol{J}$ 为偏导数矩阵;u 为阻尼系数;$\boldsymbol{d}$ 为模型参数修改矢量;$\boldsymbol{g}$ 为残差矢量。

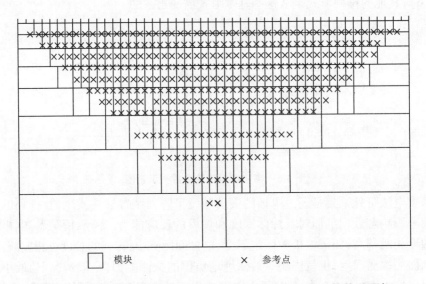

图 5-7 模型数据块在拟断面上的分布情况(来自 Res2dinv 软件说明书)

四、在渗漏探测方面的解释

大坝的建设选用的材料具有一定的物性特征,特别是分层碾压的土石坝,分层比较明显,同一层的物性差异很小,在正常情况下所表现出来的电阻率也比较稳定,在水平方向的变化基本不大,在垂直方向会显示较明显的物性分层。

一般而言,漏水地段的电阻率与其周围有着明显的降低,如果是断层或破碎带引起漏水应该是线状或条带状形态散射;如果岩性层面引起漏水,出现的异常应该是随高程变化的片状异常,片状异常多呈现高、低电阻层互现的特征。在堤坝的渗漏探测方面,主要是通过对地层结构或大坝的材料构成的探测,从中发现一些物性参数不同于基本材料的地方,确定这些区域为异常区,再利用其他方法相互验证,以达到确定渗漏空间位置的目的。高密度电法可以获取这些物性参数,测得的数据经过处理后,绘制成一定比例的电阻率拟断面图,假如在某处发生了渗漏,坝体中的含水量就会在渗漏部位发生变化,本应该成层的拟断面图就会有比较明显的破坏,在该区域显示出低阻的特征,就可以基本确定该处是渗漏异常,结合其他物探方法获取的资料就可以确定渗漏的空间位置。

五、需要注意的问题

由于高密度电法测试的是坝体的电阻率,在大坝特定的环境中就要注意一些影响测试电阻率的因素,才能达到预期的目的:

(1)测试深度问题。大坝往往建在两岸是山坡的峡谷中,高密度电缆的铺设就可能存在难度,能否测试到需求的深度是测试的关键。因此,可以考虑改变装置,常用的四极装置测试深度较浅,采用三极、二极装置等,同时考虑和能够测试一定深度且不受场地影响的其他方法配套,比如大地电磁法或者瞬变电磁法。

(2)接地问题。多数土石坝用砌石护坡和混凝土坝顶路面,这给常规的插电极的高密度电法带来了困难,可以考虑使用一些方法减小接地电阻。

(3)雨季坝体电阻低。我国南方一些区域的土石坝黏土成分很高,在雨季地表的电阻很低,测量电场电流受到影响集中在地表,另外由于大坝存在着斜坡,有可能整体电阻偏低,影响测试的效果。另外,在渗漏比较集中的地方,坝体基本会被渗漏水充填至饱和,测试显示的电阻率都很低,很难区分出渗漏的具体位置,甚至连基本的位置也确定不了,因此选用高密度电法需要考虑这些因素的影响,可以作为一个参考。

(4)渗漏过大坝的水可能还会有一些水头压力存在,在经过帷幕、黏土心墙、土工布等防渗措施后,不仅会向下渗流还会向四周漫流,造成渗流到的区域都在剖面上显示低阻,因此在防渗措施后布置的测线解释时要考虑这些问题。

第五节　探地雷达法

探地雷达法是目前物探方法中具有较高探测精度的方法,该方法已成为探测任务中的首选,它有着分辨率高、效率高、快捷准确、抗干扰能力强,受场地地质条件影响少,不受机械振动干扰的影响,也不受天线中心频段以外的电磁信号的干扰影响,剖面图像直观等特点。探地雷达探测地下介质时有两种工作模式:一是利用反射电磁波,发射和接收天线位于同一平面或者在某一平面的同一侧,探测平面下方的目标体结构等;二是利用透射电磁波,发射和接收天线分别位于探测目标体的两侧。

一、工作原理

探地雷达是根据高频(偶极子)电磁波在地下介质传播的理论,以宽频带短脉冲电滋波经由地面的发射天线将其送入地下,经地下地层或目的体的电磁性差异反射回地面,由接收天线接收其反射电磁波信号(见图5-8)。电磁波在介质中传播时,发生反射及透射的条件是相对介电常数发生明显改变,其反射和透射能量的分配主要与异常变化的电磁波反射系数有关。通过对返回电磁波的时频特征和振幅特征进行分析,便能了解到地下地质特征信息,从而探测堤坝隐患的位置,判断渗漏通道等。介质的电导率和介电常数决定着雷达波的传播速度。

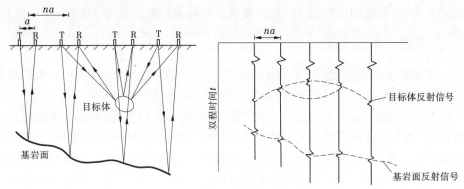

图5-8 探地雷达工作原理

二、仪器设备

探地雷达有美国微波联合体(Microwave Associates)的 MK Ⅰ 和 Ⅱ、加拿大探头及软件公司(SSI)的 Pulse EKKO 系列(见图5-9、图5-10)、美国地球物理探测设备公司(GSSI)的 SIR 系列、瑞典地质公司(SGAB)的 RAMAC 钻孔雷达系统(见图5-11)、俄国 XADAR Inc. 的 XADAR 系统和英国 ERA 工程技术部的雷达仪。瑞典 MALA 公司产 RAMAC/GPR 型地质雷达,800 MHz 和 500 MHz 屏蔽天线,系统由主机、笔记本电脑、天线以及传输光纤组成(见图5-12)。

三、资料的处理解释

由于探地雷达所采用的电磁波频率很高,雷达波在通常的目标介质中传播时以位移电流为主,并满足波动方程。因此,探地雷达方法与地震方法具有相似之处:二者均采用脉冲源激发波场;雷达波与地震波在地下介质中传播均满足波动方程;二者都是通过记录来自目标介质内部物性(电性或弹性)分界面上的反射波或透射波来探查介质体内部结构或确定目标体位置。由于雷达波与地震波在运动学上的相似性,当探地雷达与地震勘探采用相似的数据采集系统工作时,可借用目前地震勘探中已发展成熟的数据处理与显示技术来处理和显示探地雷达数据。

地质雷达在计算时利用的是介质的相对介电常数 ε_r(以下用 ε 表示)。在低损耗电

图 5-9　加拿大 Pulse EKKO IV

图 5-10　加拿大 Pulse EKKO 100 雷达和 50 MHz 天线

介质中,相对介电常数 ε 与波速 v 之间的关系为

$$v \approx \frac{C}{\sqrt{\varepsilon}} \qquad (5\text{-}7)$$

式中:C 为光速,$C = 0.3$ m/ns。

　　地质雷达利用高频电磁波以宽频带短脉冲形式,由地面通过天线 T 送入地下,经地下地层界面或目的体反射后返回地面,为天线 R 所接收。脉冲波行程需时为

$$t = \frac{\sqrt{4H^2 + X^2}}{v} \qquad (5\text{-}8)$$

式中:H 为地下介质界面或目的体的深度;X 为发射天线和接收天线的间距(X 值固定);v 为电磁波在介质中的传播速度。

　　当电磁波在介质中的传播速度为已知时,根据探测得到的反射时间 t 值(单位 ns,

图 5-11　瑞典地质公司(SGAB)的 RAMAC 钻孔雷达系统

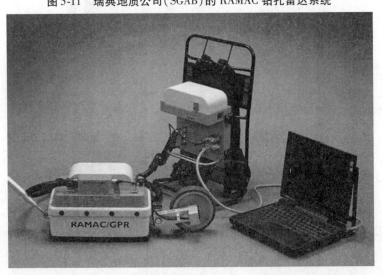

图 5-12　瑞典 MALA 公司的 RAMAC/GPR 型地质雷达系统

$1 \text{ ns} = 10^{-9} \text{ s}$),由式(5-8)即可求出反射体的深度 $H(\text{m})$。雷达图形常以脉冲反射波的波形形式记录,波形的正负峰分别以黑、白色表示,或者以灰阶或彩色表示。这样,同相轴或等灰度、等色线即可形象地表征出地下反射面。

探地雷达资料的地质解释就是拾取反射层,主要是利用钻孔揭露地层结构和其他物探结果与雷达图像对比,识别各地质结构层的反射波组特征。主要判断依据是:①反射波组的同相性。只要地下介质中存在电性差异,就可以在雷达影像剖面中找到相应的反射波与之对应,同一个波组的相位特征,即波峰、波谷的位置沿测线基本上不变化或以缓慢的视速度传播,因此同一个反射体往往有一组光滑平行的同相轴与之对应。②反射波形的相似性。相邻记录道上同一反射波组形态的主要特征保持不变。③反射波组形态特征。同一地层反射波组的波形、波幅、周期(频率)及其包络线形态等有一定特征,不同地层的反射波组形态将有差异。④地下介质电性及几何形态将决定波组的形态特征。确定具有一定形态特征的反射波组是反射层识别的基础,而反射波组的同相性和相似性为反射层的追踪提供了依据。

四、大坝渗漏探测及其解释特征

电导率是决定雷达波在地层中被吸收衰减的主因,而介电常数对雷达波在地层中的传播速度起决定作用。介电常数增大,传播速度降低,因此该方法最大的问题是在坝体含水情况下其探测深度大为降低,对于深部的渗漏就无能为力了。在相对较深部位有人利用地震反射波法、面波法、瞬变电磁法等来达到探测的目的,具体方法应该根据现场的地形地质条件、坝体的结构、坝体的类型综合考虑。

对于土石坝而言,其主要的组成材料包括:块石、黏土、砂砾石等。坝体防渗体较单一、土质干容重较大,雷达在密实坝体部分反射波很弱,反射波同相轴连续,视频率基本相同。当坝体局部发生渗漏时,在水的作用下,渗漏通道及其周围的黏土等材料处在相对的饱和状态,介电常数增大和电阻率减小,与不渗漏的部位存在明显的电性差异,形成雷达波的强反射区,在雷达剖面上的表现就是反射波强度加大、同相轴基本不连续或局部连续。

另外,超高频宽频带短脉冲电磁波在地下介质传播过程中,地下介质电性的不同改变了反射信号的频率。实践证明,雷达波在含水量较大的介质中传播时,高频信号具有更大的衰减,反射波视频率降低,信号"变胖",频谱分析中,优势能量集中在低频段,频带相对变窄。

第六节　瞬变电磁法

瞬变电磁法是利用不接地回线或接地线源向地下发送一次脉冲磁场,在一次脉冲磁场的间歇期间,利用线圈或接地电极观测二次涡流场的方法,可以分为时间域电磁法(TEM)和频率域电磁法(FEM),从方法机制来说,两者没有本质的不同。TEM 研究谐变场特点,FEM 研究不稳定场特点。两者可借傅里叶变换相联系。在某些条件下,一种方法的数据可以转换为另一种方法的数据。然而仅仅从一次场对观测结果的影响而言,两种方法具有不相同的效能,TEM 方法是在没有一次场背景的情况下观测研究二次场,大大简化了对地质对象所产生异常场的研究,对于提高方法的探测能力更具有前景,因此常用的方法是 TEM。

TEM 具有勘探深度大,体积效应小,工作效率高,纵向分辨率高,受地形影响小等优点。由于观测的二次场是由地下不同导电介质受激励引起的涡流产生的非稳定磁场,它与地下地质体物性有关,根据它的衰减特征,可以判断地下地质体的电性、规模、产状等,一般情况下地质体越大,导电性越好,二次场衰减越慢。

TEM 尽管有各种各样的变种方法,但其数学物理基础都是基于导电介质在阶跃变化的激励磁场激发下引起的涡流场的问题。研究局部导体的瞬变电磁响应的目的在于勘察良导电体,研究水平层状的瞬变电磁场理论的目的在于解决地质构造测深问题。发展和推广 TEM 的实践表明,它可以用来勘察金属矿产、煤田、地下水、地热、油气田及研究构造、裂隙充水带等各类地质问题。

一、仪器设备与装置

加拿大 Geonics 公司销售的 PROTEM47、PROTEM47HP(井下探水系统),PROTEM 57 – MK2 和 PROTEM67 瞬变电磁仪(见图5-13),以及 PHOENIX 公司生产的 V6 、V8 系统在国内应用较多;西安强源物探研究所的 EMRS – 3 型瞬变电磁仪;中国地质大学(武汉)高科资源探测仪器研究所有多种型号的瞬变电磁仪器,国内外还有很多厂家生产的多功能电磁法仪器,不一一列举。对于瞬变电磁仪器,需要几个指标才能保证它的精度。

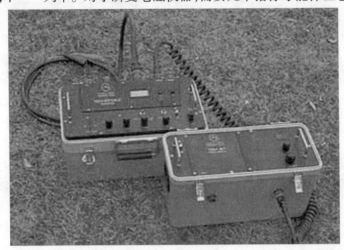

图 5-13　加拿大 Geonics 公司生产的瞬变电磁仪 PROTEM67

关断时间是瞬变电磁仪的重要技术指标之一,关断时间长,将失掉浅层信号,减弱二次场强度,直接影响探测效果。关断时间取决于发射机性能、发射电流大小和发射线圈尺寸。分辨率高,动态范围大,所以要求信号分辨率和动态范围都要高;还要求信噪比高,能够压制一定的工业干扰;重复观测一致性好。

按 TEM 应用领域可以把工作装置分为以下两类:

(1)剖面测量装置。是被用来勘察金属矿产地质构造及地质填图的装置,分为同点、偶极和大定回线源三种。同点装置中的重叠回线是发送回线(Tx)与接收回线(Rx)相重合敷设的装置(见图5-14);由于 TEM 方法的供电和测量在时间上是分开的,因此 Tx 与 Rx 可以共用一个回线,称为共圈回线。同点装置是频率域方法无法实现的装置,它与地质探测对象有最佳的耦合,是勘察金属矿产及低阻异常体常用的装置。偶极装置与频率域水平线圈法相类似,Tx 与 Rx 要求保持固定的发、收距 r,沿测线逐点移动观测 dB/dt 值。大定回线源装置的 Tx 采用边长达数百米的矩形回线,Rx 采用小型线圈(探头)沿垂直于 Tx 长边的轴线逐点观测磁场三个分量的 dB/dt 值。

（2）测深装置。常用的测深工作装置为重叠回线和中心回线装置。中心回线装置是使用小型多匝 Rx（或探头）放置于边长为 L 的发送回线中心观测的装置，这两种装置常用于探测 1 km 以内浅层的测深工作。

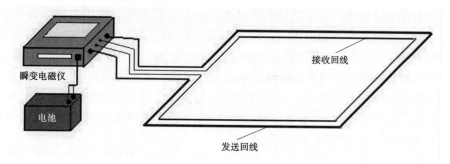

图 5-14　瞬变电磁法重叠回线装置示意图

二、资料处理反演

（一）瞬变电磁法的反演研究方法

国内瞬变电磁法的反演研究方法主要有以下几种：浮动薄板解释法、烟圈理论解释法、人工神经网络解释法、联合时－频分析解释法等。

（1）浮动薄板解释法是一种根据视纵向电导曲线的特征值直观地划分地层的近似解释方法，也称为视纵向电导解释法。

（2）烟圈理论解释法在均匀大地上，当发送回线中电流突然断开时，在下半空间中就要被激励起感应涡流场以维持在断开电流以前存在的磁场，大地感应涡流在地表面产生的电磁场可近似地用圆形电流环表示。这些电流环就像由发射回线吹出的"烟圈"，其半径随着时间增大而扩大，其深度随时间延长而加深。这就提示我们：当计算均匀半空间的地面瞬变电磁响应时，可以用某一时刻的镜像电流环来代替。

（3）人工神经网络解释法是模拟人脑机制和功能的一种新型计算机和人工智能技术，在数据处理中采用拟人化的方法进行处理，特别适合不确定性和非结构化信息处理。它不要求工作人员有丰富的工作经验，避开了具体复杂的电磁场计算，只要经过适当的学习训练就能够解决复杂的实际问题，而且具有学习记忆功能，它一边工作一边学习，使得瞬变电磁法的反演工作具有延续性和继承性。随着专家系统的不断完善，该方法将有广阔的发展前景。

（4）联合时－频分析解释法是借助信号分析领域内的新成果发展而成的技术，它同时分析 TEM 信号的时间和频率域响应曲线特性，从而进行定性和定量分析解释瞬变电磁场资料的联合时－频分析解释。TEM 接收到的电压衰减曲线形态比较相近，一般情况下计算出全程视电阻率及其他电性参数，再进行分析解释，这种常规方法对 TEM 信号的利用率不高。联合时间频率分析可以表示涡流场不同时刻、不同频率分量在地下激发和衰减过程。设观测的时间曲线和由此进行快速傅氏变换所得的频率曲线为已知，给定初始反演参数，采用广义逆矩阵迭代超定方程，结果表明，用两种曲线进行联合反演所得的参数精度比常规解释精度高。

(二)瞬变电磁法的资料处理

瞬变电磁法的资料处理主要是根据瞬变电磁响应的时间特性和剖面曲线特性,以及工区的地质地球物理特征,通过分析研究,划分出背景场及异常场。在有条件的情况下,应该进行数据全区转换——时间域瞬变电磁法中心方式全程视电阻率的数值计算,小波去噪等处理。很有必要利用一维、二维、三维正演数值计算得到工作地区的先验知识,便于资料分析解释,尽可能地利用钻井资料、区域地质资料。目前的瞬变电磁探测方法对地下目标体的评价精度低,对于所绘制的电性参数图件,一般采用二次电压衰减曲线和由此算得的视电阻率值及视纵向电导参数来进行解释。对瞬变电磁法测深资料定量解释还局限于单点一维反演,且反演效果不佳,很多情况下是靠解释人员的工作经验及地质先验知识来对测深结果作出判断,人为性较大。

瞬变电磁系统野外观测的参量为发送电流归一的感应电压值 $V(t)/I$,取 $\mu V/A$ 为单位,但是观测值一般要换算成瞬变值 $\partial B(t)/\partial t$,然后换算成 $\rho_\tau(t)$、$h_\tau(t)$ 等。所有资料全部由计算机计算、处理完成,运算及成图过程较复杂,主要步骤如下:数据回放,原始资料的编辑预处理,几种重要参数计算,网格等级划分,网格加密圆滑处理,分析计算绘制定性—定量解释图件 $\rho_\tau \sim h_\tau$ 拟断面灰阶或色谱图。

三、在大坝渗漏中的解释

瞬变电磁法解释的主要图件是电阻率拟断面图,它是利用计算机对视电阻率进行数理统计处理后划分出等级强度的断面图,打印成黑白图像时,称为灰阶图,打印成彩色图像时,称为色谱图,能够形象地绘制地电剖面的结构与分布形态。

基岩中裂隙发育较集中时,电磁波的能量衰减加大,干扰加强,地层的导电性明显减弱,电阻率增大,但是当裂隙充满水后,导电性加强,电阻率减小,表现为局部的低电位高阻异常或高电位低阻异常。当岩体均匀无裂隙时,图像成层分布,视电阻率等级变化从地表向下呈均匀递减或递增趋势,表明浅部干燥、风化严重、密实度小,下部密实度增加、基岩完整;当岩体存在裂隙时,图像中层状特征遭到破坏,出现条带状或椭圆形高阻色块,使得某些层位被错开、拉伸发生畸变。如果这些裂隙充水,将表现为低阻带。在大坝上的资料解释,可以参见高密度电法的解释,二者基本一致,在此不过多重复。

第七节　大地电磁法

一、方法原理

大地电磁法通过在地面接收地下反射来的电磁波达到电阻率测深的目的。连续的测深点阵组成地下二维电阻率剖面,甚至三维立体电阻率数据体。地面电磁波与地下电阻率究竟是什么关系?电导率成像系统 EH4 是怎样实现这种地面测量的?

首先来研究电磁波在介质中的传播行为。

(1)电磁波理论和亥姆霍兹方程。

电磁波的传播遵循麦克斯韦方程,如果假设传播通过的岩土为无磁性物质,并且在宏

观上均匀导电,不存在电荷积累,那么麦克斯韦方程就可简化为

$$\left.\begin{array}{l} \nabla^2 H + K^2 H = 0 \\ \nabla^2 E + K^2 E = 0 \end{array}\right\}$$　　　　　　　(5-9)

式(5-9)就是著名的亥姆霍兹方程。其中复波数或传播系数为

$$K = \sqrt{\omega^2 \varepsilon\mu - i\varepsilon\mu\sigma}$$　　　　　　　(5-10)

式中:i 为虚数符号,$i = \sqrt{-1}$;ω 为电磁波角频率 $2\pi f$,rad/s。

在利用 EH4 实际测量时常常忽略位移电流,则 K 可以简化为

$$K = \sqrt{-i\omega\mu\sigma}$$　　　　　　　(5-11)

(2)波阻抗与电阻率。

由亥姆霍兹方程变化的磁场感生出变化的电场,可以得到磁电关系:

$$H = \frac{K}{\omega\mu} nE$$　　　　　　　(5-12)

表面阻抗 Z 定义为地表电场和磁场水平分量的比值。在均匀大地的情况下,此阻抗与入射场的极化无关,但与地电阻率及电磁场的频率有关:

$$Z = \sqrt{\pi\rho\mu f}(1 - i)$$　　　　　　　(5-13)

式中:f 为频率;ρ 为电阻率,$\Omega \cdot m$;μ 为磁导率。

式(5-13)可用于确定大地的电阻率:

$$\rho = \frac{1}{5f} \left| \frac{E}{H} \right|^2$$　　　　　　　(5-14)

式中:E 为电场强度,mV/km;H 为磁场强度,nT。

对象为水平分层大地时,式(5-14)就不适用了,用它计算得到的电阻率将随频率改变而变化,因为大地的穿透深度或趋肤深度与频率有关:

$$\delta = \sqrt{\frac{2}{\omega\mu\sigma}} \approx 500\sqrt{\frac{\rho}{f}}$$　　　　　　　(5-15)

式中:δ 为趋肤深度,m。

在一个宽频带上测量 E 和 H,并由此计算出视电阻率和相位,可确定地下构造。

对于不均匀大地,阻抗是空间坐标的函数,完整的描述应当是含有四个元素的张量,每个元素与场的正交分量有关:

$$\begin{bmatrix} E_X \\ E_Y \end{bmatrix} = \begin{bmatrix} Z_{XX} & Z_{XY} \\ Z_{YX} & Z_{YX} \end{bmatrix} \begin{bmatrix} H_X \\ H_Y \end{bmatrix}$$　　　　　　　(5-16)

要确定四个阻抗元素,需要几个极化不同的磁场。例如,振幅相位和极化固定不变的单一正弦形式的电场和磁场波列,就不能用于计算这四个未知数,通常要用四个场分量的自功率谱或互功率谱来计算阻抗,Z_{XY} 计算出来的解是:

$$Z_{XY} = \frac{\langle E_X H_X^* \rangle \langle H_X H_Y^* \rangle - \langle E_X H_Y^* \rangle \langle H_X H_X^* \rangle}{\langle H_Y H_X^* \rangle \langle H_X H_Y^* \rangle - \langle H_Y H_Y^* \rangle \langle H_X H_X^* \rangle}$$　　　　　　　(5-17)

式中:"$*$"号表示场量傅氏变换后的复共轭,"$< >$"表示在频带内求平均。用电场作因子,可以得到阻抗的另一表达式:

$$Z_{XY} = \frac{\langle E_X E_X^* \rangle \langle H_X E_Y^* \rangle - \langle E_X E_Y^* \rangle \langle H_X E_X^* \rangle}{\langle H_Y E_X^* \rangle \langle H_X E_Y^* \rangle - \langle H_Y E_Y^* \rangle \langle H_X E_X^* \rangle} \qquad (5\text{-}18)$$

实际工作时,EH4 大地电磁法通过发射和接收地面电磁波来达到电阻率或电导率的测深,连续的测深点阵组成地下二维电阻率剖面。EH4 野外采集的时间序列的数据进行预处理后,再进行 FFT 变换,获得电场和磁场虚实分量及相位数据,对每一个测点进行编辑,舍掉畸变的频点,保留高质量的频点数据。EH4 数据的基本处理是进行一维 Bostick反演和地形校正。在一维反演的基础上,再进行二维带地形反演成像。

二、仪器设备及野外工作

大地电磁法的仪器设备目前在国内以美国 EMI 公司和 Geometrics 公司联合推出的 EH4 电导率成像系统为代表(见图 5-15),重点解决浅、中深度范围内工程地质等问题的一种双源型电磁系统,工作频率范围为 10 ~ 100 000 Hz。它既可以接收天然场源的大地电磁信号,又可以接收人工场源的电磁信号,并且所接收的频率高于 MT 仪器所采集的频率。其技术参数:

频率范围:10 ~ 100 000 Hz。

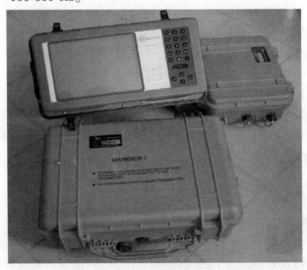

图 5-15 EH4 电导率成像系统主机

发射机:TX – IM2,工作频率为 1 000 ~ 65 000 Hz,天线动力矩为 400 Am^2。

磁棒探头:2 个 BF – IM6 磁感应棒(10 ~ 100 000 Hz),10 m 电缆。

采集单元:道数,4 道(2 电,2 磁);模数转换,18 Bit;数字信号处理器,32 位浮点;带宽,DC ~ 96 000 Hz;电压,12 V,40 Ah。

EH4 电磁系统在 10 ~ 92 000 Hz 宽频范围内采集数据,为确保数据质量与实际工作的需求和效率,将频带分成三个组:一组 10 ~ 1 000 Hz,二组 500 ~ 3 000 Hz,三组 750 ~ 92 000 Hz。

在实际观测中使用哪几个频率组,视现场情况灵活掌握。在野外的数据采集能够能获得 H_y、E_x、H_x、E_y 振幅,Φ_{Hy}、Φ_{Ex}、Φ_{Hx}、Φ_{Ey} 相位,以及二维电阻率成像的结果,经过室内数据反演处理,可获得二维反演结果。

(1)电极的布置。EH4 电磁系统总共使用四个电极,每两个电极组成一对电偶极子,如图 5-16 所示。为了便于对比监视电场信号,其长度都为 20 m,两对电偶极子的方向应保持垂直。

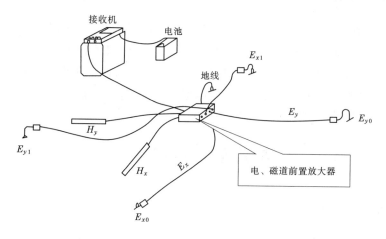

图 5-16　EH4 工作布置图

(2)磁棒布置。磁棒非常敏感,要求距离前置放大器大于 5 m,保持水平放置。所有现场人员要离开磁棒 10 m 以上,选择远离房屋、电缆、金属物的地方布置磁棒。

(3)前置放大器(AFE)布置。前置放大器放在测点上,即位于两个电偶极子的中心位置,前置放大器先接地,然后才能布置电、磁道。

三、资料处理

大地电磁法的工作原理是基于麦克斯韦方程组完整统一的电磁场理论基础。利用天然场源,在探测目标体地表的同时测量相互正交的电场分量和磁场分量,然后用卡尼亚电阻率计算公式得出视电阻率。根据大地电磁场理论可知,电磁波在大地介质中穿透深度与其频率成反比,当地下电性结构一定时,电磁波频率越低,穿透深度越大,能反映出深部的地电特征;电磁波频率越高,穿透深度越小,则能反映浅部地电特征。利用不同的频率可得到不同深度上的地电信息,以达到频率测深的目的。

资料处理步骤如下:

(1)剔除干扰信号。在信号采集过程中,外界的各种原因使采集到的信号有可能包含随机干扰,影响着视电阻率曲线,在某个频点发生突变,如果不进行剔除,会影响最后的反演结果。

(2)选取适合的圆滑系数。在多数情况下一个圆滑系数不能够获得理想的二维反演结果,需要使用多个圆滑系数进行反演对比,挑选出可靠的一个作为结果。

(3)进行地形修正与插值。EH4 的理论基础是将大地看作水平介质,但在实际工作中多数是不平坦的,需要进行地形修正,修正的方法是利用每一个测点的实际高程作为该测点第一个频点的高程,其他的频点高程做相应的加减运算。对于测点深部数据点比较稀少的情况,利用外延法计算出某些深部没有数据点的电阻率值,通过插值能够圆滑数据曲线,形成的图像更加完美。

（4）在 surfer 下进行数据网格化,利用 surfer 的网格化绘制图件。

四、渗漏探测解释

绘制电阻率拟断面图,可以根据电阻率的差异,结合收集到的地质资料或钻孔测井资料等,分析获得相应深度地层对应的电阻率范围值,对比背景值划出异常的位置,从而分析出渗漏所在的位置。由于大地电磁法自身的特点,在反映地下介质的情况时,数据点的间隔较大,反演出来的数据不能精确反映浅部地层的情况,会有较大的偏差,因此大地电磁法在探测渗漏的时候需要配合浅部的物探工作。

第八节　流场法

一、伪随机流场法的提出

伪随机流场法是何继善院士提出的一种主要用于汛期查找渗漏管涌入水口的新方法。由水力学可知,堤坝管涌渗漏入水口会产生微弱的水流场,但在汛期这些微弱的流场被江、河及水库的强大正常水流场所掩盖,用仪器直接测量出来几乎是不可能的。因此,只能通过间接方法来测量这些微弱流场的存在。事实上,管涌渗漏入水口近似于堤防内部渗流场的源头,而渗流场的数学控制方程为拉普拉斯方程,与恒定电流场的数学控制方程相同,因此它们在空间分布上应该具有相似的规律。基于此种原因,我们可以用恒定的电流场来拟合渗漏水流场,又由于电流场的测量相对于水流场的测量容易得多,因此可以通过测量电流场的空间分布来确定水流场的空间分布。

一般来说,水库中的水流场是非常复杂的,各种来源补给库水引起的流场、发电溢洪下泄引起的流场、库底的渗流场等相互作用构成了库水中复杂的流场,并且其强度以及复杂程度远远大于由库水引起的坝体或坝基渗流场,从其来源讲,有库水、尾水、深层水及上游来水等多种因素。伪随机流场法通过在库水（或尾水）中分别设置伪随机波形的电流场发射源,使得该电流场在渗漏通道的分布只与库水（或尾水）引起的渗流场高度相关,通过渗漏通道中伪随机电流场的分布特征来检测其渗流场的特征及与库水（或尾水）的连通关系。

二、仪器设备介绍

根据流场法的基本原理,研制出了堤坝管涌渗漏检测仪（DB－3 普及型堤坝管涌渗漏检测仪,简称 DB－3 检测仪）。该仪器主要由信号发送和信号接收两部分组成（见图 5-17）,信号接收部分包括水下接收探头和船载接收机,探头在水下的移动速度能够达到 3.6 km/h。DB－3 检测仪主要适合土坝、石坝、混凝土坝等各种结构类型的坝体或其基础渗漏进水部位的探测。其特点是探头入水并尽量靠近水底,突破了只在堤坝坝体或水面上进行探测的局限,是一种直接测量方法；实现了水中伪随机电磁波的发送、接收测量技术;入水探头灵敏度高、分辨率高,抗干扰能力强,对渗漏进水部位的判断可靠性高;电流密度多分量检测,实现了渗漏相对强度和流向检测;探头连续扫描技术,连续扫描速度一般为 2 m/s,单点测量时间为 60 s,紧急情况下还可提高;仪器操作简单,非专业人士经过简单培训后即可操作;实时监测功能,可以对管涌渗漏进行实时监控,实时跟踪管涌渗漏的发展情况。

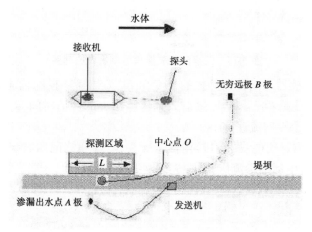

图 5-17　流场法探测渗漏仪器布置示意图

坝后渗漏出水点放置供电电极 A,如果渗漏出水点比较多,可以在多个出水点处均放置电极,并用导线把这些电极并联起来,电极使用薄铝板效果较好。孔繁友等在朝阳县北地水库使用流场法开展了渗漏探测工作,取得了比较满意的效果。周召梅在江垭水库使用 DB – 3 普及型堤坝渗漏检测仪取得了很好的效果。

第九节　声纳探测法

声纳探测法是南京帝坝工程科技有限公司提出的,利用的是三维流速矢量声纳测量仪(见图 5-18),是一种渗漏水库声纳探测仪,它主要由水听器、信号处理电路和计算机组成。水听器的输出端与信号处理电路的输入端相连,信号处理电路的输出端通过串口通信电路与计算机的输出端相连。首次提出使用声纳技术解决水库渗漏的源头问题,借助声纳信号在水体中传播阻力小的特点对水库渗漏入口测量,从根本上改变了目前在水库除险加固中出现的被动局面。

声纳探测技术是利用声波在水中的优异传导特性,实现对水流速度场的测量。如果被测水体存在渗流,则必然在测点产生渗流场,声纳探测器能够精细地测量出声波在流体中传播的大小,顺流方向声波传播速度会增大,逆流方向则减小,同一传播距离就有不同的传播时间。利用传播速度之差与被测流体流速之间的关系,建立连续的渗流场的水流质点流速方程。

$$U = -\frac{L^2}{2X}\left(\frac{1}{T_{12}} - \frac{1}{T_{21}}\right) \tag{5-19}$$

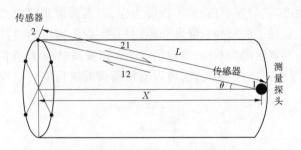

图5-18　三维流速矢量声纳测量仪原理图

式中:L 为声波在传感器之间传播路径的长度,m;X 为传播路径的轴向分量,m;T_{12}、T_{21} 分别为从传感器 1 到传感器 2 和从传感器 2 到传感器 1 的传播时间,s;U 为流体通过传感器 T_{12}、T_{21} 之间声道上平均流速,m/s。

渗漏水库声纳测量仪(见图5-19)由测量探头、电缆和笔记本电脑三部分组成。仪器测量之前,是通过室内标准渗流试验井,进行渗流参数标记后,才能进行现场渗流测量。

图5-19　渗漏水库声纳测量仪

现场测量前,对测量仪器通电预热 3 min,即可把测量探头放入到水面以下的水库面板上测量其隔水底板的渗漏流场分布数据。如果是水文地质孔,则把测量探头放入测量井孔内进行测量,测量的顺序是自上而下,从地下水位以下开始测量,测量点距为 1 m,1个测点测量时间 1 min,待测量完成,测量数据自动保存在电子文档中,再进行下一个点的测量,直到测量至孔底。

谭界雄等在湖南白云水电站使用声纳探测技术取得了效果。

第十节　堤坝渗漏示踪法

一、环境同位素示踪

温度是影响环境同位素分布的重要因素,在应用热源法研究堤坝渗漏的时候,环境同位素法可以起到很好的补充和验证作用。氧是地壳中分布最广的化学元素,它和氢元素生成的水构成了整个水圈,因此研究氢氧同位素的分布及变化规律对于调查堤坝渗漏问题具有重要的意义。

常用的环境同位素检测有氘和氚,环境同位素作为天然示踪剂参与了地下水的形成过程,研究它们的分布规律及分馏机制,有可能直接提供地下水形成和运动的信息。例如:氚是氢的另一种放射性同位素,它在大气层中形成氚水后遍布整个大气层,对水起着标记作用。一般来说,河水中氚的含量主要取决于它的补给来源,由大气降水补给的河水氚的含量较高,而由地下水补给的河水氚含量较低,并且地下水中的氚值含量还取决于含水层的补给来源、埋藏及径流条件。潜水和浅层承压水属于现代循环水,其氚值含量高,深层承压水一般属于停滞水,含氚量低。因此,通过对不同来源的水中的氚值分析可以研究地下水的补给、排泄、径流条件,探索地下水的成因,确定地下水与地表水之间的水力联系,确定水文地质参数等。

水样中氚的含量只会按照放射性衰变量而减少,所以根据含水层中氚的含量计算出地下水的年龄。然后根据地下水中氚含量资料作出氚含量的等值线图,确定地下水的流向,分析地下水的径流条件。研究地下水氚含量及其动态,与地表水的资料相对比,就可以判断出它们之间互相补给的关系、研究水的来源及冲水途径,在某些情况下还可以进行补给量的计算。

二、水化学分析

对水中化学成分(如氯离子、硫酸根离子、重碳酸根离子、钙离子、镁离子、钾和钠离子等)的分析对于水库或堤坝的渗漏调查有很重要的意义。水中化学成分的形成是水与地层间长期相互作用的结果,它包含了地下水的历史及地层构造等方面的诸多信息,是分析地下水补排的重要依据。由河、湖或水库逃逸出来的水进入地层后化学成分的变化可以知道水渗漏经过的一些地层的天然性质,在许多情况下对下游钻孔或泉中水的化学成分进行测量可以探明已存在的渗漏路径。通过水化学可以知道钻孔与泉水是来自于地下水还是库水,因而在堤基渗漏评价时,可以利用地下水化学成分特征分析堤基渗流场发生渗漏的部位、强度等。

三、人工示踪法

人工示踪是检测大坝渗漏的一种基本方法。为了减少渗漏,通常采用一定的加固补强措施降低地层的渗透性。此时,就需要查清水库和下游渗水相连通的地下水渗漏通道。在各种水利工程渗漏测试技术中,示踪法占有特殊的地位,这种方法可以直接地了解地下水运动过程和分布情况。放射性示踪法就是采用具有放射性溶液或固体颗粒模拟天然状态水和泥沙的运动规律特性,并用放射性测量方法观测其运动的踪迹和特征。追踪地下水的示踪剂要求尽可能同步地随同所标记地下水一起运动,放射性示踪剂分为直接和间接两种。常用的示踪剂有饱和食盐水、碘-131、苯胺墨及易于分辨的颜料等。

四、全孔标注水柱法

全孔标注水柱法都是建立在对全孔水柱标注的基础上。将直径 8 ~ 10 mm 的塑料管插入孔底,一个重物绑在它的下端有助于插入孔底,管的两端都是开口的。将从孔水位到孔底一段的塑料管内体积相等的示踪剂溶液通过管上部的另一端注入管中。然后匀速将塑料管取出,使示踪剂均匀分布在全部水柱中。一旦注入示踪剂后,通过在水柱中的上下移动探头测定到连续的示踪剂浓度垂直分布曲线。测量通过不连续的上升或下降探头进行。浓度分布曲线的测量次数必须与示踪剂稀释的速率相一致。示踪剂的注入通常是利用重力的作用,注入示踪剂溶液之前,要先通过漏斗将注入管灌满水,为投源做准备。为了避免示踪剂溶液被漏斗中水稀释,示踪剂溶液应在漏斗刚开始变空时注入。

第十一节　多普勒效应测试库区渗漏的研究及应用

一、多普勒效应的历史

多普勒效应是大家比较熟悉的一种物理现象,是奥地利物理学家、数学家克里斯琴·约翰·多普勒(Christian Johann Doppler)在 1843 年提出的理论,后来为了纪念他就以他的名字命名。1905 年爱因斯坦证明了光波也存在着多普勒效应。

物体发射出的波长随着波源和观测者的相对运动而发生变化。当波源运动时,在波源运动方向的前方不动的接收点处,发现波长变的较短,频率变得较高;在波源运动方向的反面接收点处,发现波长变得较长,频率变得较低。波源运动的速度越大,产生的效应越明显。当波源固定不动时,向波源方向运动的接收者发现波长变短,频率变高;远离波源方向运动的接收者发现波长变长,频率变低。接收者的运动速度越大,效应越明显。也就是说,波源移动和接收点移动效果是一样的,相向运动波长变短,频率变高。

我们在生活中常常遇到的例子,如一辆极速奔驰过来的列车或汽车鸣笛,你会明显的感觉到越来越刺耳,当车呼啸而过,你会发觉它的声音越来越平缓。

二、多普勒效应推导公式

我们都知道,波源完成一个周期 T 的振动,向外传播的距离称为一个波长 λ,波源的频率 f 表示单位时间内完成的周期振动次数,在数值上等于单位时间内波源发出的周期波的个数,称为波数 k,因此有 $k = 1/\lambda$。多普勒效应产生的原因可以通过声波的传递过程去理解,观察者听到声音的音调,是由观察者接收到的频率 f,即单位时间接收到的完全波的个数 k 决定的。当波源和观察者之间相向运动时,在单位时间内,观察者接收到的完全波的个数增多了,即接收到的频率增大了。同样的道理,当观察者和波源背离运动时,观察者在单位时间内接收到的完全波的个数减少,即接收到的频率减小。

不仅是声波具有多普勒效应,所有类型的波都有这样的特性,包括电磁波。

我们假设声波波源 S 和接收者 R 在一条直线上运动,相对于某介质的速度分别为 v_S、v_R,波源传播出来的波相对于某介质的传播速度为 U,且满足 v_S 小于 U。声源发出的波

频率为 f ,波长为 λ ,周期为 T 。

（1）当声源和观察者静止不动,声波的一个全振动波传递到观察者的时间为 $T = T_R$,当声源向着观察者运动,一个全振动波传递到观察者的时间缩短了 $\Delta t = \dfrac{v_S T}{U}$,传播的时间为 $T_R = T - \Delta t$,即 $T_R = T - \dfrac{v_S T}{U}$,则有 $T_R = T \dfrac{U - v_S}{U}$,频率和周期是互为倒数关系,则 $f_R = \dfrac{U}{U - v_S} f$ 。

（2）当声源不动,接收者以速度 v_R 靠近声源时,一个全振动波传递到观察者的时间也缩短了 $\Delta t = \dfrac{v_R T_R}{U}$,传播的时间为 $T_R = T - \Delta t$,即 $T_R = T - \dfrac{v_R T_R}{U}$,则有 $T_R = T \dfrac{U}{U + v_R}$,频率和周期是互为倒数关系,则 $f_R = \dfrac{U + v_R}{U} f$ 。

（3）当声源和接收者均相向移动,传播一个全振动波缩短的时间是 $\Delta t = \dfrac{v_S T + v_R T_R}{U}$,传播所需要的时间为 $T_R = T - \Delta t$,即 $T_R = T - \dfrac{v_S T}{U} - \dfrac{v_R T_R}{U}$,则有 $T_R = T \dfrac{U - v_S}{U + v_R}$,频率和周期是互为倒数关系,则 $f_R = \dfrac{U + v_R}{U - v_S} f$ 。

三、多普勒技术的应用

（一）雷达测速仪

公路上检查车辆速度的雷达测速仪的原理就是多普勒效应,一些测试车速的警车停靠在路边,向过往车辆发送已知频率的电磁波,接收反射回来的电磁波频率发生偏移,就可以计算出车辆的行驶速度,测速的同时摄像机把车辆的车牌号拍摄下来,并把测试的速度合成在拍摄的照片上。

车辆在运动过程中,波源发射出来的频率是 f ,车辆运动的速度是 v ,车辆所接收到波的频率是 f' 。可以得到:

$$f' = \sqrt{\frac{c - v}{c + v}} f \tag{5-20}$$

车辆反射波频率为 f' ,由波源处的接收器接收到的频率为 f'' ,接收设备不动,波源在运动。

$$f'' = \sqrt{\frac{c - v}{c + v}} f' \tag{5-21}$$

把式（5-20）代入式（5-21）可得到:

$$\frac{f''}{f} = \frac{c - v}{c + v} \tag{5-22}$$

可以得到:

$$v = \frac{f - f''}{f + f''} c \tag{5-23}$$

因此,只要发射了已知频率的电磁波和物体反射回来的电磁波,就可得到车辆或运动物体的速度。

(二)多普勒效应在临床医学方面的应用

大家所熟知的心脏彩色多普勒是在医学应用的代表。现代医用超声波探头接触流向为远离探头血液时接收到的反射频率变低,靠近探头的血液会使探头接收的反射信号频率变高。彩色多普勒超声波一般是用自相关技术进行多普勒信号处理,把自相关技术获得的血流信号经彩色编码,使我们能判定超声图像中流动液体的方向及流速的大小和性质,并实时叠加在二维黑白超声图像上,形成彩色多普勒超声血流图像。

彩色多普勒超声(即彩超)既具有二维超声结构图像的优点,同时又提供了血流动力学的丰富信息,在临床上被誉为"非创伤性血管造影"。

在医学中,多普勒仪器运用 10 MHz 高频探头可发现血管内小于 1 mm 的钙化点,还可利用血流判断管腔狭窄程度,预防脑栓塞的发生,还可以检查大脑、心脏的病变。

(三)多普勒效应在渗漏方面的应用

水库渗漏是随着水库建设运行后出现的问题,给地球物理探测技术带来了一个需要解决的问题。一般情况下,地球物理工作者利用一些常用的探测方法进行探测,比如常用的自然电位法、充电法、温度场法等,配合一些其他的电阻率测试方法也能解决一些问题。但实际问题复杂多样,很多渗漏问题难以利用这些方法进行探测,因为大坝渗漏的形式很多,可能是绕坝渗漏、大坝基础渗漏、大坝坝体渗漏等,再加上坝体结构和防渗形式的多样性,常规的探测方法可能束手无策。比如在一些土石坝上,电阻率测试和自然电位是很好的探测手段,但当前的大坝都是为了挡水、防冲刷或美观等,坝前的面板多数是面板、浆砌石或砌石,坝顶进行了固化,作为道路使用,大坝背水面也往往是砌石,或者是栅格状分割浆砌石,栅格内用砂石填充。这些现场的实际情况严重影响了电极的布设,特别是固化过的面板和坝顶,即使有方法也只能望洋兴叹。多数大坝还埋设有电缆或者管道等,存在着较多的工业游散电流,影响了测试数据的可靠程度。

一些绕坝渗漏可能渗漏的位置比较难以确定,两岸山体和大坝的接触带、两岸的山体都有可能存在渗漏,渗漏的范围可能较大,探测起来存在不小的难度。两岸山体多数难以攀爬,布置测线困难,地形起伏较大,对采集的数据影响较大,处理得到的结果误判的可能性较大。

另外,即使渗漏位置找到了,进行了处理,那么处理的效果怎么样呢?因此需要从源头上寻找到渗漏位置,并且还能够连续监控该位置的渗漏处理是否到位。一种准确、快捷、方便、低成本的探测仪器十分急需,也显得尤为重要。我们知道了多普勒效应能够测试水流的速度,渗漏流水也是可以测试的,通过测试库区近坝区域的水流场,发现水流异常位置,就可以确定渗漏的位置。

水下多普勒渗漏探测技术利用多普勒效应探测水中超声信号频率的变化来测试水流的速度。根据运动的相对性,当波源和接收者固定在相对静止的地方,而介质在波源和接收者之间移动,波在传播过程中的频率也发生相应的变化。放入水中的探测器具有发射固有频率和接收高频超声波的能力,接收到的信号传输到探测仪器中,仪器根据发射的频率和接收到的频率进行相关计算,判断频率的变化量计算出水流的速度,由于水流的方向可能性比较多,需要知道水流在各个方向的流动速度,考虑到水流方向不可能正好处在收、发水听器的连线上,因此使用的探头要能够探测多个方向的数据,使用一种三分量的阵列探头,测试三个方向(x,y,z)的水流场,并还原合成真实的水流场就可以达到效果。由于测试点在库区,需要知道具体的位置,在资料处理后的异常位置还能够重新定位便于渗漏处理,因此在探测过程中需要对探头进行定位,包括它的方向、坐标、高程。

在探头工作时,三向水听器阵列中每一组发射水听器发出的超声波,经过水体的传播由同组中接收水听器接收到,当水流由发射水听器流向接收水听器时,接收到的频率是变小的;当水流由接收水听器流向发射水听器时,接收到的频率是变大的。通过测试发射水听器和接收水听器之间的声波频率变化量,就可以确定水流的速度和渗漏情况。

测定速度的公式前边已经介绍过,当发射源和接收水听器都运动时有下式:

$$f' = \frac{u + v_0}{u - v_s}f \tag{5-24}$$

式中:v_s 为发射源相对于介质的速度;v_0 为接收水听器相对于介质的速度;f 为发射波源的固有频率;u 为波在静止水中的传播速度。

当接收水听器朝发射源运动时,v_0 取正号;当接收水听器背离发射源(即顺着波源)运动时,v_0 取负号。当发射源朝观察者运动时,v_s 取正号;当发射源背离观察者运动时,v_s 取负号。从式(5-24)可以很容易得知,当接收水听器与发射源相互靠近时,$f' > f$;当接收水听器与发射源相互远离时,$f' < f$。

根据相对运动原理,式(5-24)中的 v_0,v_s 都是相对于水体的流速,设水的流速为 $v_水$,可以推出:

$$f' = \frac{u - v_水}{u + v_水}f \tag{5-25}$$

$$v_水 = \frac{f - f'}{f + f'}u \tag{5-26}$$

式中:f 为发射波源的固有频率;u 为波在静止水中的传播速度;$v_水$ 为水体流动的速度(从发射水听器流向接收水听器取正,从接收水听器流向发射水听器取负)。

利用式(5-25)和式(5-26)计算出的数据是发射接收水听器所在方向的频率和速度,每一个测点数据是三个方向分量合成的真实水流场参数。

(四)多普勒效应在其他方面的应用

多普勒应用比较广泛,农业中制作植物声频发生器,对植物施加特定频率的声波,形成共振,促进植物的生长发育。在气象方面研制多普勒气象雷达,提高对强暴雨的预报监测能力。在水文水资源中利用多普勒测试河水的流速等。

四、精度分析

探头用水听器阵列,在三个方向上收发超声信号。激发的超声波中心频率为 1 MHz,仪器的数据采样速率为 10 msps。根据公式(5-26),发射的初始频率为 1 MHz,超声波在水流中的速度为 1 450 m/s,取频率变化为 100 Hz,则可以计算出,水流的速度为 0.072 5 m/s。也就是说,只要能测试获得 100 Hz 的频移,就能够测试出 0.072 5 m/s 的水流速度,这个是利用当前现有的高频超声水听器就可以实现的。

第十二节　渗漏探测新方法及发展趋势

大坝渗漏探测技术,主要是利用大坝材料本身的物理性质在渗漏后的改变,比如说砂砾层中含水情况下电阻率明显减小,或者饱和砂砾石中细小颗粒的流失又造成电阻率的相对增大等;或者是利用在渗漏过程中水体对于周边各种物理场的影响,比如说温度测试等技术,每一个物体都是热源,或者说是被动热源,各自的吸收和辐射热能量的能力是不同的,在不同的时段进行测试获得的温度场就会有所不同,这些不同可能就是渗漏引起的;还有直接利用其他物质的特性来观测的,示踪技术就是这样的方法,这种方法本身可能跟水和建筑材料没有任何关系,但它是利用示踪剂的特性来进行观测的,可以说是一种比较直接的方法,不管是放射性的试剂还是带有颜色的试剂,给观测者很明确的启示,在渗漏探测上具有很大的优势。

当前用于渗漏探测的方法比较多,几乎涵盖了除重力和磁法外所有能用的物探方法,包括地震勘探中的反射、面波,电法中的直流电法、高密度电法、瞬变电磁法、地质雷达法等,还有一些衍生发展出来针对渗漏的方法,比如直流电流场法、声波波场法等。

当前渗漏探测研究发展趋势是朝着定量和数值方法计算的方向,多数科研工作者的研究是以建立数学模型、理论推导和数值计算为方向和目标,希望通过了解已有的理论和方法,通过模型的建立,进行正演模拟和反演计算,得到问题的解析解,对于无法得出解析解的问题,提供数值最优化方法;还有学者提出了仿真模型和工程应用研究目标专家系统,为探测研究提供了新的思路。

第六章　渗漏探测工程实例

第一节　高压旋喷桩止水帷幕围堰渗漏探测

一、工程概况

天桥水电站位于山西省保德县和陕西省府谷县境的黄河中游干流上,是黄河北干流上一座低水头大流量河床式径流电站,主要任务是发电,1970 年 4 月 1 日正式开工兴建,1977 年 2 月 13 日第一台机组投产发电,1978 年 8 月全部机组并网发电,电站装机容量12. 8 万 kW,年发电量 6. 07 亿 kWh。竣工 30 多年,电站为陕北、晋西北八县发展提水灌溉,改变该地区干旱低产的面貌发挥了很大的作用,同时为开发多泥沙的黄河中游河段积累了经验。但原有建筑物出现了较多的问题,不满足当前抗洪设计要求,需要进行除险加固。天桥水电站除险加固工程分为新建泄洪排沙工程、病害处理工程和安全监测工程共三个标段。新建泄洪排沙工程在开挖基坑过程中,基坑内大量涌水和基坑边坡也有水渗出,边坡自身也出现裂缝和部分坍塌,汇集总流量达 0. 4 m³/s,已影响到了围堰的安全性和正常的施工。

围堰基本为第四系堆积物,然后利用高压旋喷桩的方法,形成止水帷幕。当止水帷幕发生渗漏,渗漏处的自然电场将发生变化,渗漏地层充水或砂砾石层的细微颗粒流失会引起电阻率的变化,根据这些地质特性选择自然电位和高密度电法相结合进行探测。

二、工程区域地质概况

该工区位于黄河上,与除险加固工程直接相关的主要地层为奥陶系中统第十一层(O_2^{11})、十二层(O_2^{12})、十三层(O_2^{13})、十四层(O_2^{14}),第四系全新统冲积物(Q_4^{al})。右侧土坝上游有透水天窗,在围堰设计时已经围在基坑的外侧。第四系松散土层上部为库区淤积砂壤土、壤土夹薄层粉细砂,下部为河流冲积的砂砾石层,受 O_2^{11} 层透水天窗的影响,底部砂砾石层中地下水具有承压性。

三、围堰的设计情况

工程等别及建筑物级别:根据《防洪标准》(GB 50201—1994)和《水利水电工程等级划分及洪水标准》(SL 252—2000),工程等别为Ⅲ等,工程规模为中型。根据工程等别和建筑物的重要性,确定主要建筑物为3级,次要建筑物为4级,临时性建筑物为5级。上、下游围堰按5级建筑物设计。

天桥水电站库水位的特点是枯水期水位为 830. 00 m,汛期水位为 834. 00 m。上游围堰作为坝体挡水的一部分,堰顶设计高程为 836. 00 m。

根据上游围堰部位的地形地质条件,结构设计时沿上游围堰轴线控制点分段设计,其中 D1～D6 段为土石围堰,D6～D7 段为混凝土围堰。

(一)土石围堰断面设计及防渗设计

1. 土石围堰断面设计

D1～D6 段为土石围堰,轴线长度为 376.49 m,采用均质土石混合料填筑,因基础为坝前淤积物,基础承载力较低,故围堰采用加大底宽的断面形式,顶宽设计为 10 m ,上下游边坡的坡比为 1:2.5,堰高 3～4 m。围堰接近主河道段上游坡采用 1.0 m 厚的块石护坡。

2. 土石围堰防渗设计

考虑 D1～D2 段远离河床,不作防渗设计;D2～D5′段,土围堰基底下砂砾石层采用高压旋喷法(孔距 1.0 m)设计防渗墙,嵌入基岩 1.0 m;D5′～ D6 段紧邻混凝土围堰,采用地下连续墙法设计防渗墙,嵌入基岩 1.0 m,解决土石围堰与混凝土围堰接头绕渗问题。

(二)混凝土围堰断面设计

D6～D7 段处于水寨岛前沿,距主河道较近,修筑土石围堰则防护非常困难,且影响泄洪闸泄洪。根据基岩地质等高线资料,该地段基岩面较高,最低 823 m,设计成混凝土围堰,采用水下混凝土施工方式。围堰轴线长度 51.71 m,堰底宽度 8 m,堰顶宽度考虑通车需要设计为 6.5 m,堰高 8～13 m。由于围堰断面不能满足重力坝稳定设计断面,在混凝土围堰上游侧增设预应力锚束,间距 2 m,每束张拉吨位 200 t。该围堰段基岩面以下 4 m 处(高程分布为 818～824 m)存在软弱夹层 JC13－01,根据重力坝设计规范,为解决重力式混凝土围堰的深层滑动问题,在混凝土围堰背后增加一道钢筋混凝土抗滑墙。

四、物探工作布置情况

由于现场的漏水量比较大,并且出水点的位置比较明确,可以确定混凝土段的漏水可能性很低,因此探测的主要目标集中在土石围堰段。为了能够对围堰、基坑边坡的渗流情况进行清楚的了解,在围堰迎水面布置一条测线 ZⅠ、围堰后边坡顶一条测线 ZⅡ、边坡半腰一条测线 ZⅢ共 3 条自然电位测线,测点点距均为 1 m(围堰坡脚现场条件不允许布置测线)。高密度电法布置 7 条测线,EH4 布置 1 条测线。充电法和水温测试在钻孔中进行。

五、资料处理和解释

(一)自然电位法

在测量开始和收工后进行两个不极化电极的极差测试,开工前极差 1.14 mV,收工极差 1.34 mV,在测试数据的处理中,首先对极差的变化进行了极差分配,削减了由于极差的变化对结果的影响;然后绘制单条自然电位曲线图,通过对曲线整体的数值确定背景,然后把明显脱离背景值 20%以上的数据点确定为异常点。

自然电位曲线提供了自然电位沿测线的分布情况。当坝体存在渗漏,入水口自然电位就会出现低值异常。异常极值处即为渗漏速度最高的主渗漏处。三条测线随着向下游方向的推移,自然电位曲线的均值在向上推移,反映围堰前后的渗漏水流方向和流态的改变。现将 3 条曲线分析如下:ZⅠ测线的自然电位主要在 -25 mV 轻微波动,一些测段的数据偏离这个背景值,最高达到 -200 mV,根据异常点的判定标准,初步判定 10 个异常段;ZⅡ测线自然电位主要在 -15 ~ -20 mV 轻微震荡,初步判定 11 个异常段;ZⅢ测线自然电位主要在 -10 ~ -16 mV 轻微震荡,初步判定 5 个异常段,其中自然电位的一段见图 6-1。

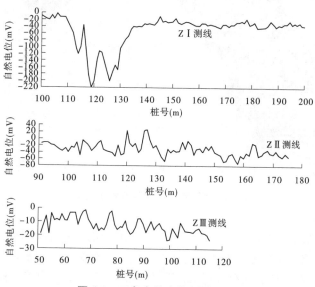

图 6-1　三条自然电位测线中的一段

将三条自然电位测线按照坐标和幅值绘制平面图,得到的平面图进行色谱填充,在异常区域就会显示出与周边背景不同的色彩,再根据这些色彩分布的区域以及防渗帷幕的位置,剔除个别不明显的细小异常点,确定比较明显的渗漏位置 5 个(利用自然电位 ZⅠ、ZⅡ测线的桩号在图上定位):①Ⅰ测线的 14 ~ 20 m;②Ⅰ测线的 75 ~ 82 m;③Ⅰ测线的 112 ~ 133 m;④Ⅱ测线的 172 ~ 176 m、186 ~ 189 m;⑤Ⅱ测线的 201 ~ 226 m、231 ~ 233 m。具体位置见表 6-1、图 6-2。

表 6-1　渗漏探测综合成果

序号	可疑渗漏位置	渗漏高程底界限(m)	渗漏高程顶界限(m)	备注
1	ZⅠ测线的 14 ~ 20 m	815	820	
2	ZⅠ测线的 75 ~ 82 m	814	823	
3	ZⅠ测线的 112 ~ 133 m	815	820	
4	ZⅡ测线的 172 ~ 176 m	①816	①825	
	Ⅱ测线的 186 ~ 189 m	②791	②799	
5	ZⅡ测线的 201 ~ 226 m	①816	①825	
	ZⅡ测线的 231 ~ 233 m	②791	②799	

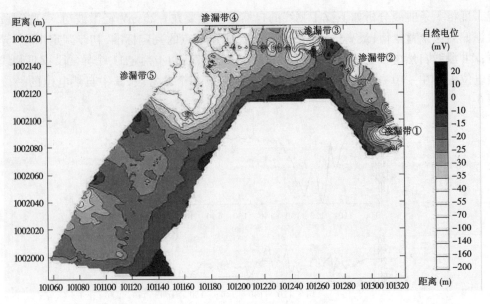

图 6-2　自然电位等值线拟断面图

（二）高密度电法

根据高密度电法测量结果,结合以往勘察资料,围堰的地层结构主要由填筑土、含细小颗粒的淤积层、具有较大颗粒的冲积层、基岩构成。根据高密度电法测线所处的位置对比分析,得到各个地层电阻率的分布情况,淤积层的电阻率普遍较低,其电阻率大致为 $10 \sim 40\ \Omega \cdot m$,含水砂砾层的电阻率为 $100 \sim 300\ \Omega \cdot m$;当围堰中砂卵石层的电阻率比较均匀没有较大的变化,而淤积层的电阻率有较小的团块,并且这个特征处在自然电位异常的位置,处在紧邻帷幕的地方,则可以判断该低阻团块为浅部渗水区域;结合自然电位曲线浅部渗漏异常幅值比较尖锐、深部渗漏异常幅值比较平缓变大的特征,可以剔除假异常,确定渗漏的高程。

根据这个判断原则,可以确定渗漏的平面位置和高程(见图 6-3、图 6-4),通过对高密度电法测线的对比,可以判定渗漏所处的区域,即渗漏高程,探测成果见表 6-1。

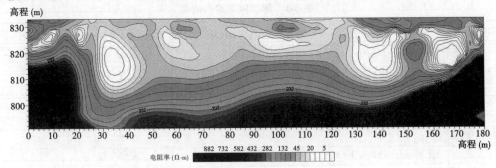

图 6-3　第 5 测线电阻率拟断面图

由于电法的多解性以及现场的一些地形条件和复杂的地质条件,测试的结果会有些误差,需要一些其他验证手段。

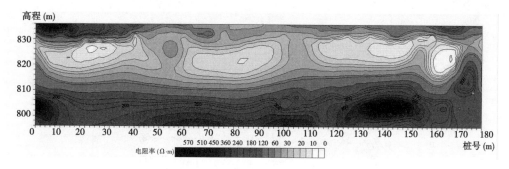

图 6-4　第 4 测线电阻率拟断面图

六、钻孔内测试验证

在现场的部分钻孔内进行了充电测试,根据电位等值线图,曲线的变化方向基本垂直于围堰,从而对确定的渗漏位置是一个验证和补充,孔内充电等值线见图 6-5、图 6-6。

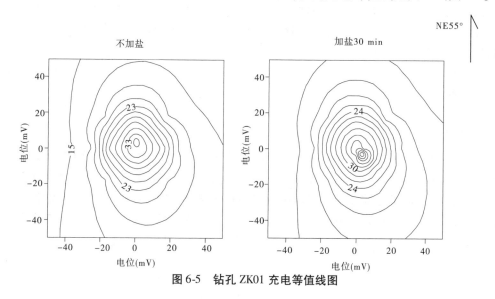

图 6-5　钻孔 ZK01 充电等值线图

七、水温测试

具体做法:先测定钻孔中的水位,然后将数字温度计下到水中,每间隔一定的深度,测定一次水温,测定水温时要在相应的深度停留几分钟,然后开始测试,这样能保证测试温度的可靠性。

ZK01 号、ZK02 – 1 号、ZK03 号孔分布大致垂直于围堰轴线,ZK01 号孔临黄河,在高程 823 m 以上水温比较高,与黄河表层水温不一致,ZK02 – 1 号孔和 ZK03 号孔这两个孔表层水温比较低,随着深度增加渐渐增大,在高程 814 m 左右三个孔的水温达到 13.3 ℃ 趋于一致,可以认为到了恒温层地下水。ZK01 号孔和 ZK02 – 1 号孔在高程 812 ~ 824 m 时温度一致,ZK03 号孔温度更低,在高程 812 m 与其他两孔一致,可以判断这个位置存在渗水现象,高程在 812 ~ 823 m,验证了表 6-1 中范围二异常带,详见图 6-7。

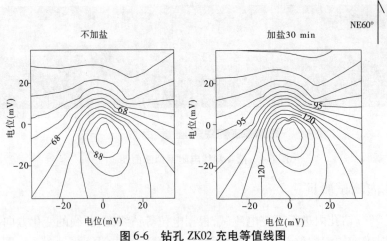

不加盐　　　　　　　　　　　加盐30 min　　　　　　　NE60°

图 6-6　钻孔 ZK02 充电等值线图

ZK04 号、ZK05 号、ZK06 号孔分布在基本垂直围堰的一条直线上,ZK04 号孔临黄河侧,浅部水温略比 ZK05 号孔高,往下到高程 822 m 两个孔水温趋于一致,往下继续增大,到高程 812 m 水温开始恒定不变;ZK06 号孔水位已高于地面水位,不停地往外流水,到高程 822 m 水温开始恒定不变。从水温变化来看,在高程 812 ~ 822 m 存在渗水现象,详见图 6-8。在其他钻孔内也做了类似工作,在此不作过多举例。

八、结论

该围堰的结构相对来讲并不复杂,只是由于建设时间较早,当年的地质勘察资料做得不够完善,现场收集也不齐全,在探测的时候需要考虑这方面问题。后来发现大量的渗漏是两方面原因引起的,之前压盖的天窗由于扩建后上部盖重减小,没有完全压盖住,由此形成的渗漏是主要的,也是影响施工安全的渗漏。围堰本身的渗漏不算很大,属于能够接受的范围,是渗漏的次要通道,在主要的渗漏处理后可以边排水边施工。

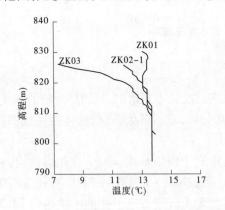

图 6-7　ZK01、ZK02 - 1、ZK03 孔内温度曲线

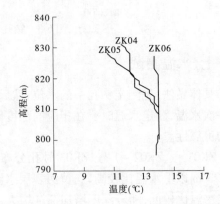

图 6-8　ZK04、ZK05、ZK06 孔内温度曲线

在这次渗漏探测工作中,利用自然电位法对渗漏的异常区域进行了平面定位;高密度电法探测地层电阻率的变化来确定渗漏位置的深度。通过综合分析确定 5 个渗漏区域,

最后利用钻孔内充电和孔内水温测试进行了水体流动的验证,从充电的等位线形态来看,这些区域存在渗流现象,孔中水温的变化也验证了渗流高程的范围情况。从整体看来,自然电位法和高密度电法相结合可以比较准确地探测出土质坝体的渗漏情况,在条件允许的情况下充电法和温度测试是很好的辅助手段。

第二节　土石坝水库渗漏探测

一、工程概况

某水库工程的任务是以防洪和供水为主,兼顾生态灌溉综合性利用工程。工程建成后,可将 50 年一遇洪水洪峰流量从 1 070 m³/s 降低为 846 m³/s,下游防洪标准由 30 年一遇提高至 50 年一遇,河道堤防只需按 30 年一遇洪水设防。

该水库总库容 616 万 m³,根据我国《水利水电工程等级划分及洪水标准》(SL 252—2000)的规定,水库库容介于 0.1 ~ 0.01 × 10⁴ m³,属小(1)型水库。

二、水库区工程地质条件

库区地貌分为侵蚀剥蚀地貌和侵蚀堆积河谷地貌。侵蚀剥蚀地貌分布在千里沟两侧的低山区,地形起伏较大,切割强烈,沟谷发育,基岩裸露,侵蚀堆积河谷地貌分布于千里沟中及两岸阶地,但千里沟两岸阶地不发育。地层岩性比较复杂,由老至新分为前震旦亚界前长城系千里沟群(AnZ)片麻岩、震旦亚界蓟县 – 长城系(Z)砂砾岩、下古生界奥陶系下统(O₁)灰岩、第四系地层、侵入岩体。库区内有多条断裂存在,主要大的断裂为千里沟大断裂和千里山—桌子山—岗德格尔山大断裂,根据断层性质及特性分析,不属于活动性断裂,对水库基本无危害性影响,片理分布在基岩的上部地层且极为发育,节理也较为发育,基岩多被切割成大小不等的块体。库区在正常高水位 1 290.5 m 情况下,基岩多处于弱风化层,透水性多为弱—微透水地层,不存在永久性渗漏问题和邻谷渗漏问题。库区内无文物古迹及村庄耕地,蓄水后仅淹没一个采石场和一个石灰厂,均为小型私营企业。水库正常运行后,地下水位虽会抬高,但不会产生浸没问题,也不存在塌岸问题。千里沟为季节性洪水,由于上游分布第四系松散层面积较大,且植被较差,随着山洪的产生,会带来较多的泥沙淤积在库区内。

三、坝址区工程地质条件

坝址区位于低山区,相对高差 30 m 左右,左岸岩石裸露,岩性为片麻岩,右岸岩性主要为片麻岩,大部分出露,局部上部覆盖第四系松散层,松散层层底高程 1 274.00 ~ 1 284.00 m。河谷呈 U 形,河床宽约 100 m,河道平缓。上层为第四系洪冲积层的砂卵砾石,层底高程为 1 260.89 ~ 1 289.85 m。下伏基岩为片麻岩,强风化层底高程为 1 258.25 ~ 1 264.77 m,通过压水试验属弱透水—中等透水地层。在 ZK01 及 ZK04 之间存在一倾向河左岸的构造破碎带,宽 2.5 ~ 3.4 m。

四、挡水建筑物

坝基洪冲积层砂卵砾石地层为强透水层,左右坝肩基岩为中等透水层,均需作防渗处理。

大坝为复合土工膜心墙砂砾石坝(见图6-9),坝顶高程1 298.07 m,坝顶宽6 m,最大坝高29.07 m,上游坝坡1∶3,下游坝坡1∶2.25、1∶2.5。对坝基砂砾石层采用混凝土防渗墙处理,对中等透水岩基采用帷幕灌浆处理。

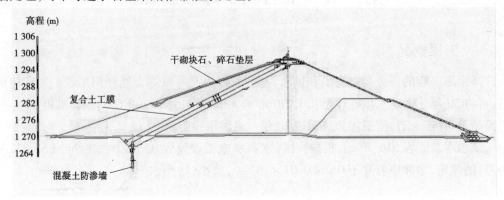

图6-9 大坝防渗体系断面图

五、测线布置情况

根据现场的条件和工作需要,自然电位布置三条测线:大坝的迎水面布置一条,大坝外侧布置两条:距离坝顶约0.5 m的位置一条,外侧半腰的位置一条;由于坝前是浆砌石,没有办法布置高密度测线,在外侧布置了两条高密度电法测线,基本和外侧的两条自然电位测线重合,其目的是了解大坝材料及底部基岩的电性特征,为判断渗漏的高程提供依据,具体布置见图6-10。

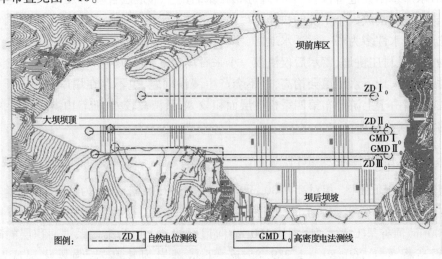

图6-10 自然电位和高密度电法测线布置图

六、资料的处理与分析

在测量开始和收工后进行两个不极化电极的极差测试,开工前极差0.46 mV,收工极差3.10 mV,在测试数据的处理中,对极差的变化进行了极差分配,削减由于极差的变化对结果的影响。

首先绘制单条自然电位曲线图,通过对曲线整体的数值确定背景,并根据对应位置绘制自然电位等值线色谱图,直观地反映出渗漏的区域。自然电位Ⅰ测线位于坝前迎水面,基本电位值在−20~−36 mV,整体看来比较单一,在桩号90~110 m,出现了明显的负增长,并且是一个单一的峰值,比较尖锐,峰值对应的桩号处可以确定为渗漏异常,见图6-11;自然电位Ⅱ测线位于坝顶,该测线的自然电位值有较大的震荡,在桩号50~144 m存在一段较明显的负值异常,见图6-12;Ⅲ测线位于大坝后侧半腰处,自然电位值基本在−10~−20 mV,在桩号80~120 m出现了明显的负值异常,存在一个峰值,比较尖锐,见图6-13。

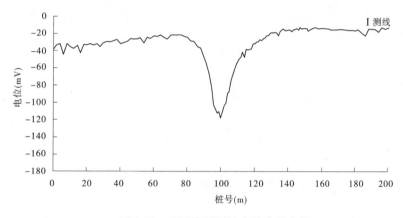

图6-11　Ⅰ测线(坝前)自然电位曲线

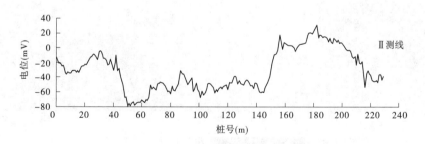

图6-12　Ⅱ测线(坝顶)自然电位曲线

将这三条自然电位测线垂直于大坝平移在一起,通过对比发现,坝前和坝后的两条测线的自然电位异常比较尖锐,所指的异常方向垂直于大坝,坝顶的异常范围比较宽,并且异常值没有尖锐的峰值,见图6-14。

根据平面的距离,将三条测线垂直于大坝方向对应,绘制自然电位等值线图,可以清

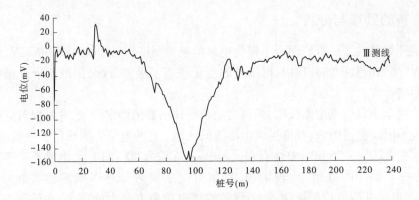

图 6-13 Ⅲ测线(坝后坡腰)自然电位曲线

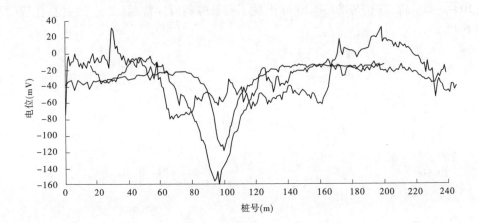

图 6-14 Ⅰ、Ⅱ、Ⅲ测线自然电位曲线对比

楚地看出渗漏的走向和大致范围,该处正好为排沙洞的上方,见图6-15。

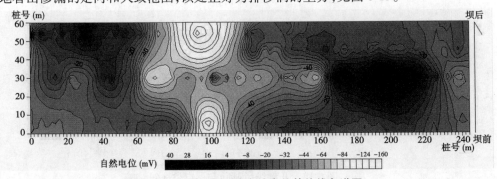

图 6-15 Ⅰ、Ⅱ、Ⅲ测线自然电位等值线色谱图

高密度电法Ⅰ测线整个测线上地层基本呈层状分布,下部的基岩比较明显,这和已知的地质资料完全吻合,在桩号115 m的位置,对应大坝的排沙洞,在桩号140 m的位置,对应引水洞,引水洞右侧大坝紧靠山体,地质资料显示山体岩石有较多的裂隙,走向平行于大坝,从大坝的外侧能够看到,平时由于雨水或绿化浇水等,使得岩体中存在较多的裂隙

水,因而呈现低阻团反映,见图6-16、图6-17。

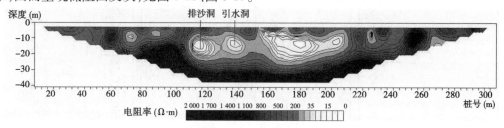

图 6-16　高密度电法 I 测线电阻率拟断面图

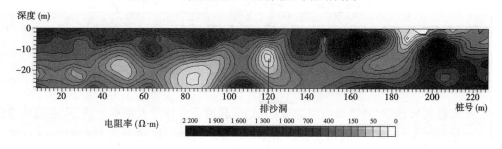

图 6-17　高密度电法 II 测线电阻率拟断面图

根据高密度测线和自然电位测线的探测结果,结合现场排沙的情况和渗漏水点位置,可以得出一个比较清晰的结论,该大坝的排沙洞右侧存在渗漏。

第三节　水库绕坝渗漏探测

西霞院工程的任务是以反调节为主,兼顾灌溉、供水和发电。正常蓄水位 134.0 m,相应库容 1.45 亿 m³,汛期限制水位 131.0 m,有效库容 0.452 亿 m³,可满足反调节库容的需要。西霞院装机容量 140 MW,设计发电量 51 亿 kWh。建设西霞院反调节水库工程的主要目的是利用其调节库容对小浪底水利枢纽下泄的不稳定流进行反调节,消除河道内的不稳定流对下游特别是小浪底至花园口河段工农业引水、河道水质和生态环境、河道整治工程的安全等方面造成的不利影响。同时又可以利用西霞院工程发展周边地区灌溉、供水,利用西霞院反调节水库建设电站确保小浪底枢纽按设计目标调峰运用。

大坝蓄水后,由于蓄水压力形成透水层,从而产生了绕坝渗流,伴随着库区水位抬高,大坝下游滩地及居民区的地下水位也随之升高,对房屋等建筑地基造成不利影响,西霞院大坝下游村庄的地下水位明显抬升,在低洼地段和部分农田能够看到被水淹没。这些水的流失不仅浪费了水资源,影响了周边居民的正常生活,也使水库的功能被削弱。快速准确地找到绕坝渗流场,界定绕坝渗流通道的位置,为大坝加固处理工程提供依据具有十分重要的意义。

一、潜水面水位场矢量法

潜水是一种重力水,它的流动性主要是受重力作用而形成的,其在流动时总是由高水位流向低水位且沿着最大的梯度方向流动,如图6-18所示。

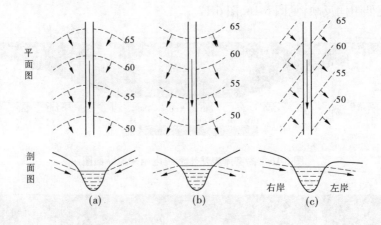

图 6-18　地下水沿水位梯度方向运动示意图

水库蓄水后,近坝区砂卵石层渗流作用,引起地下水位较大幅度上涨,产生绕坝渗流。为了模拟出近坝区渗流场的情况,采用水位矢量场法确定渗流通道的位置和分布区域。在保证库区水位稳定的情况下,测量近坝区各观测井的坐标及潜水面水位高程,再将这些数据绘制到地形图上,勾勒出潜水面等势线图和矢量场图;在等势线图和矢量场图中分析出地下砂卵石层中水流方向和渗流场的位置。

在整个近坝区范围内,分布有近 200 个民用机井和观测钻孔。利用这些观测孔的水位高程,勾勒出近坝区的水位等值线图和潜水面矢量场(见图 6-19),可以判断出有两处明显的渗流区域。根据观测到的渗流区域,在覆盖层渗流区域左右坝肩布置了 6 条激发极化测线,利用激发极化法确定渗流通道的位置。

二、激发极化法

激发极化法是以岩、矿石的激电效应的差异为基础从而达到解决水文地质问题的方法。它又分为直流激发极化法(时间域法)和交流激发极化法(频率域法)。常用的电极排列有中间梯度排列、联合剖面排列、固定点电源排列、对称四极测深排列等。激电法找水效果十分显著,被誉为找水新法。早在 20 世纪 60 年代,国外学者 Victor Vacquier(1957)等提出了用激电二次场衰减速度找水的思想。在该思想的启迪下,我国也开展了有关研究,并将激电场的衰减速度具体化为半衰时、衰减度、激化比等特征参数,这些参数不仅能较准确地找到各种类型的地下水资源,而且可以在同一水文地质单元内预测涌水量大小,把激电参数与地层的含水性联系起来。

本次工作采用对称四极剖面装置,测量砂卵石层中的富水性。通过对野外实测的视极化率值进行各类计算、处理,勾勒出等值线图;分析等值线图,在视极化率相对高的地方,就是砂卵石层渗漏集中的地方。

鉴于区内覆盖层黄土层的厚度为 15 ~ 25 m,选择的试验参数为 AB/2 = 60 m、100 m、

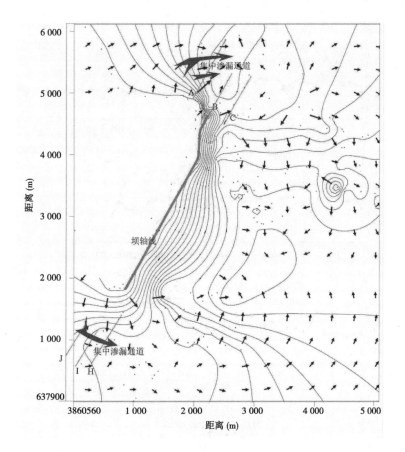

图 6-19　潜水面矢量场及测线布置图

160 m;MN/2 = 15 m、25 m、40 m;供电时间为 20 s、30 s、40 s,断电延时为 100 ms,测量点距为 25 m。结果各组参数的曲线上都显示了极化异常体,但在 AB/2 = 100 m、MN/2 = 25 m 时,极化异常信息更能表现客观的地质情况。经综合分析,最终选用 AB/2 = 100 m、MN/2 = 25 m,供电时间 30 s,断电延时 100 ms 的参数进行激发极化法工作。

实测的视极化率剖面曲线如图 6-20 所示。从图上可以看出各测线均存在相对高视极化率异常。如 A 线的 100 ~ 175 m 段,视极化率值为 4.16% ~ 51%,远高于均值 2.16% ~ 3.84%,可以推测此处应存在相对高极化率的富水层。为判定整个渗流通道的准确位置和走向,把同区内的测线按其相对位置组合起来,勾勒出区域内的视极化率等值线图,从而可以直观地看出渗流通道位置。

左坝肩的 A、B、C 三线间距 200 m,按其相对位置布置网格区域,勾勒出等值线(见图 6-21)。从图 6-21 中可以明显看出,在 A 线 100 ~ 175 m、B 线 100 ~ 150 m 范围出现相对高极化率;并且在 A 线 600 ~ 700 m、B 线 625 ~ 675 m 、C 线 625 ~ 700 m 范围也出现有相对高极化率,推测两处存在有集中渗漏通道。在潜水面水位矢量场图(见图 6-19)上,两处也发现有同向渗流现象。

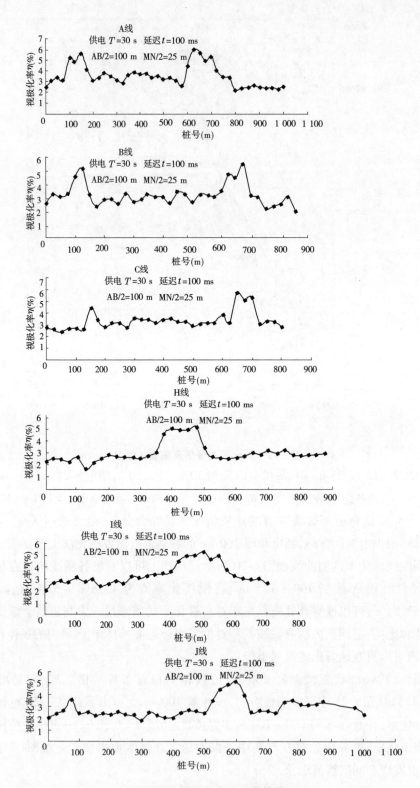

图 6-20　视极化率剖面曲线图

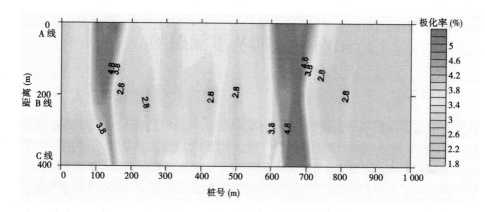

图6-21　左坝肩视极化率等值线图

右坝肩的 H、I、J 三线间距 300 m,按其相对位置布置网格区域,勾勒出等值线(见图6-22)。其中在 H 线 375 ~ 475 m、I 线 425 ~ 550 m、J 线 550 ~ 625 m 范围出现相对高极化率;推测该处存在集中渗漏通道。而在潜水面水位矢量场图(见图6-19)上,该处也同样有同向渗流现象。

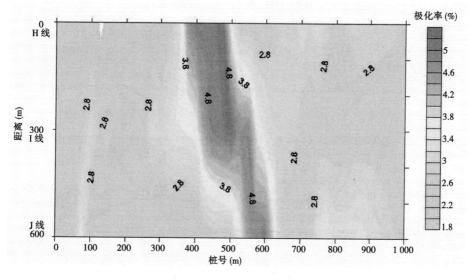

图6-22　右坝肩视极化率等值线图

三、成果分析

利用水位矢量场法和激发极化法准确地界定了左、右坝肩部位集中渗漏通道的位置。在左岸 A 线 100 ~ 175 m、B 线 100 ~ 150 m 范围内,A 线 600 ~ 700 m、C 线 625 ~ 700 m 范围内有 2 处集中渗漏通道;右岸 H 线 375 ~ 475 m、J 线 550 ~ 625 m 范围内有 1 处集中渗漏通道,渗漏的成果示意图见 6-19。

第四节　坝基渗漏探测

一、工程概况

西沟水库是小浪底水利枢纽的一个附属工程,位于该枢纽区 8 号公路通过西沟上游的石板沟内,坝高 39 m,设计地震烈度为 7 度。修建的目的除防止洪水冲刷主体工程出口建筑物和保护主体建筑外,也可作为小浪底电厂供水的补充水源。该水库目前处于充水试验阶段。由于在近期发现水库坝后有水渗出,形成一定流量,故采用地球物理方法对西沟水库坝基进行探测,确定坝基渗漏点以及形成的渗漏通道,为采取必要的措施提供依据。

二、工作情况

在工作现场,根据场地条件和需要解决的问题,布置了四条测线,有四条基本平行于坝轴线,其中坝轴线一条,上游坝坡一条,下游坝坡两条。Ⅰ测线长 190 m,Ⅱ测线长 194 m,Ⅲ测线长 124 m,Ⅳ测线长 130 m,测线布置示意图见图 6-23。

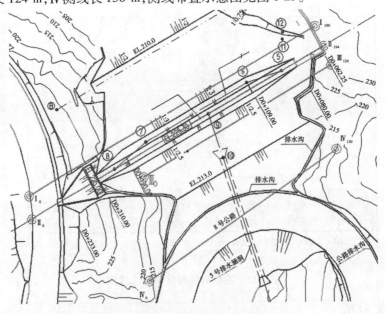

图 6-23　测线布置示意图　（单位:m）

三、探测区工程地质条件及地球物理特征

(一)工程地质

西沟水库坝址处出露岩层为三叠系下统和尚沟组 T_1^6 岩层,除左岸 225.0 m 高程以上有 T_1^{6-2}、T_1^{6-3} 岩层出露外,其余部位均为 T_1^{6-1} 岩层。T_1^{6-1} 岩层以棕红、砖红色泥质粉砂岩为主,夹钙质细砂岩。该岩石在自然条件下极易风化,一般在 1~3 个月时间内便可风

化为碎石土,土中含黏量小于9%。

右坝肩基岩为一般倾倒变形体,沿坝轴线方向长约200 m,最大厚度约为36 m,从坝址向上游一直延伸至库区内。该倾倒变形体根据变形情况大致可分为两层:上层为明显倾倒变形体,沿坝轴线方向长约80 m,最大厚度约为18 m,岩体内砂岩黏土岩互层中裂隙极发育,尤其顺上下游方向的最大裂隙宽度可达30~60 mm;下层为一般倾倒变形体,最厚约25 m。

(二)地球物理特征

西沟水库坝址处出露岩层以棕红、砖红色泥质粉砂岩为主,夹钙质细砂岩,岩石的成因、矿物成分、地质年代、埋藏深度、地质构造不同,致使岩性相同的岩石之间的电阻率存在差别,小浪底枢纽区基岩的电阻率值为几个欧姆米至几十个欧姆米。即使如此,在一定范围内,同一深度内、同一岩性的电性参数应趋于相同,也就是说,对于均一完整的岩体,自上而下其电性参数变化应该有一个规律,即自上而下电阻率呈现出一种层状的均匀递减或递增规律。一旦岩体存在裂隙、断层或渗漏通道时,层状规律将遭到破坏,出现条带状或椭圆形高阻色块,使得某些层位被错开、拉伸发生畸变。如果这些裂隙充水,将表现为低阻带。岩层的这些物性特征为地球物理探测提供了良好的电性前提。

四、地球物理探测的目的及方法的选择

为了确定坝体的渗水异常带和在坝体内外可能的渗漏通道,为下一步补强提供依据,利用地球物理技术,在坝顶及坝坡平行坝轴线布置若干测线,探测相关部分渗水裂隙分布情况或破碎带的分布情况,确定集中渗水带范围、位置、高程及走向。

根据探测目的,探测工作采用瞬变电磁法,引入了高密度瞬变电磁法的概念,增大了测点的密度,采用了不同的频率,提高了地面探测工作的深度和精度。

由于观测的二次场是由地下不同导电介质受激励引起的涡流产生的非稳定磁场,它与地下地质体物性有关,根据它的衰减特征,可以判断地下地质体的电性、规模、产状等。TEM 尽管有各种各样的变种方法,但其数学物理基础都是基于导电介质在阶跃变化的激励磁场激发下引起的涡流场的问题。研究局部导体的瞬变电磁响应的目的在于勘查良导电体,研究水平层状大地的瞬变电磁场理论的目的在于解决地质构造测深问题。发展和推广 TEM 的实践表明,它可以用来勘察金属矿产、煤田、地下水、地热、油气田及研究构造、裂隙充水带等各类地质问题。

五、成果分析

根据反演定量图件($\rho_\tau \sim h_\tau$)拟断面色谱图,对探测成果作如下分析:

I剖面:该剖面位于西沟水库坝内侧距离坝轴线侧大约10 m的位置,与大坝轴线平行,勘探深度范围高程为225~165 m,桩号0~190 m。在勘测深度范围内,视电阻率基本上是由大到小呈递减态势,在桩号106~142 m视电阻率的变化趋势发生改变,中间存在几个封闭的低阻块,几乎连接在一起形成一个较大的低阻背景,推测为裂隙充水(见图6-24)。

II剖面:该剖面位于西沟水库坝轴线,勘探深度范围高程为225~170 m,桩号0~194 m。整体上从上到下视电阻率由大逐渐变小,局部层状递减规律遭到破坏,在桩号98~

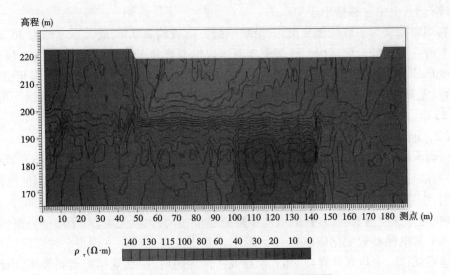

图 6-24　瞬变电磁 I 测线视电阻率拟断面图

116 m、高程 184～174 m 范围内形成封闭的低阻块,推测为坝基裂隙充水带(见图 6-25)。

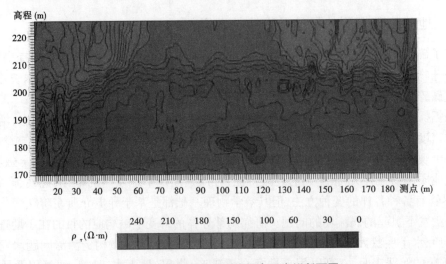

图 6-25　瞬变电磁 II 测线视电阻率拟断面图

III 剖面:该剖面位于西沟水库坝外侧距离坝轴线大约 10 m 的位置,与大坝轴线平行,勘探深度范围高程为 225～160 m,桩号 0～124 m,视电阻率在微弱的变大过程后开始整体的减小,局部视电阻率层状规律遭到改变,形成大小不等且不规则的低阻块,推测为坝基裂隙充水带,主要位于桩号 46～48 m、高程 182～174 m;桩号 59～69.5 m、高程 182～174 m;桩号 72～80 m、高程 189～184 m;桩号 70～95 m,高程 190～162 m(见图 6-26)。

IV 剖面:该剖面位于西沟水库外侧公路上,基本与大坝轴线平行,勘探深度范围高程为 215～60 m,桩号 0～130 m,视电阻率在微弱的变大过程后开始整体减小,局部视电阻率层状规律遭到改变,形成大小不等且不规则的低阻块,主要位于桩号 70～82 m、高程 190～171 m,桩号 82.5～94 m、高程 168～162 m 圈定的范围和桩号 88～92.5 m、高程 194～172 m 圈定的条状低阻带,推测为坝基裂隙充水带(见图 6-27)。

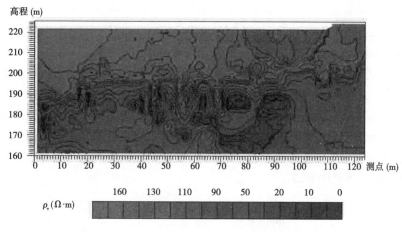

图 6-26　瞬变电磁Ⅲ测线视电阻率拟断面图

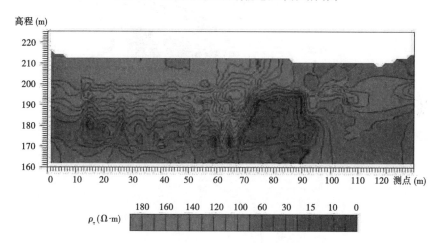

图 6-27　瞬变电磁Ⅳ测线视电阻率拟断面图

根据四条剖面的探测结果,确定各剖面裂隙渗水范围详见表6-2。

表 6-2　Ⅰ ~ Ⅴ剖面裂隙渗水范围

剖面编号	起止桩号(m)	中心桩号(m)	起止高程(m)	中心高程(m)
Ⅰ	106 ~ 142	124	190 ~ 169	179
Ⅱ	98 ~ 116	107	184 ~ 174	179
Ⅲ	46 ~ 48	47	182 ~ 174	178
	59 ~ 69.5	64.5	182 ~ 174	178
	72 ~ 80	76	189 ~ 184	186
	70 ~ 95	89	190 ~ 162	176
Ⅳ	70 ~ 82	76	190 ~ 171	180
	82.5 ~ 94	87.5	168 ~ 162	165
	88 ~ 92.5	90.5	194 ~ 172	183

六、结论

综合4个剖面的探测结果,对可能形成的集中渗漏通道做如下结论:

Ⅰ～Ⅳ测线基本与坝轴线平行,在不同的测线存在着大小不同的低阻区域,Ⅰ线拟断面图显示有较大的一个低阻块,其由几个低阻块组成,推断为库区水渗漏的源头;在坝轴线(Ⅱ线)上的低阻区域只有一个,推断可能为渗漏水所经过的主要路径;Ⅲ线和Ⅳ线各有几块低阻区域,应该为基岩破碎充水带,是渗漏水流经的地方。根据组合原理,理论上可能形成多条通道,由于这些通道相距比较近,推测为在渗漏水流出坝体以后在这些地方分流,推测渗漏通道见图6-28。

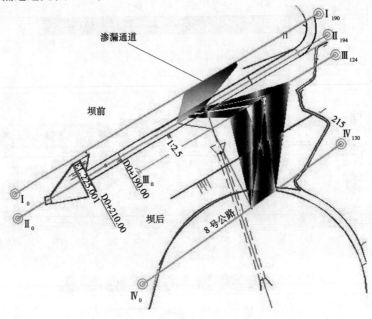

图6-28　推测渗漏通道示意图

第五节　水泥土搅拌桩截渗墙完整性检测

一、概况

黄河防洪工程九标段(左岸)位于黄河下游濮阳市台前县境内,由山东黄河东平湖工程局负责施工。该工程截渗墙体采用水泥土搅拌桩成墙,墙厚0.37 m,设计墙深12.1～12.6 m,工程级别为Ⅰ级堤防。于2003年7月采用地质雷达对该工程截渗墙进行了检测。区段内共抽测4条剖面,每条剖面长度均为50 m,目的在于检测截渗墙的完整性。

二、工程地质概况

该工区土层主要由堤身素填土、堤基砂壤土、壤土及黏土组成,夹有软黏土透镜体。

根据成因可分为三类:上部为素填土,下部为第四系全新统河流冲积层和上更新统河流冲积层。

三、地质雷达探测工作原理及方法技术

(一)地球物理前提

该工程截渗墙体为水泥土搅拌桩成墙,抽测区段内实际墙深11.6～12.1 m。探测范围内介质较单一,理论分析截渗墙墙体与天然土体之间存在明显介电差异,该差异是进行地质雷达工作的地球物理前提。

地质雷达工作时,发射天线T和接收天线R以固定的间距沿测线同步移动。收发天线每移动一次便获得一个记录,当发射天线和接收天线连续、匀速地通过地面时,就可得到由各个记录组成的时间剖面图像。

(二)野外工作方法及工作量

本次工作地质雷达为美国GSSI公司产SIR－2型,采用80 MHz天线发射和接收,在该工区地质条件下其探测深度可达15 m。采样参数为:天线间距2 m,点距0.5 m,采样长度300 ns,采样方式为点测。

本次探测工作,以检测截渗墙的完整性为目的。该工区共抽测4个剖面,分别为:

(1)K186＋363～K186＋413段(设计墙深12.6 m,实际墙深12.1 m)。

(2)K186＋758～K186＋808段(设计墙深12.1 m,实际墙深11.6 m)。

(3)K189＋091～K189＋141段(设计墙深12.1 m,实际墙深11.6 m)。

(4)K189＋466～K189＋516段(设计墙深12.2 m,实际墙深11.7 m)。

抽测剖面总长度为50 m×4＝200 m。

四、检测资料的地质解释

该工程共抽测4个剖面,依检测资料,对各剖面的地质解释如下:

(1)K186＋363～K186＋413段:该剖面段墙底反射明显,同相轴基本连续。截渗墙墙体基本完整,均匀性较好。

(2)K186＋758～K186＋808段:该剖面段墙底反射明显,同相轴基本连续。K186＋763～K186＋772段3.0～7.5 m深度范围内强度稍低,其余部分截渗墙墙体基本完整,均匀性较好。

(3)K189＋091～K189＋141段:该剖面段墙底反射明显,同相轴基本连续,局部显杂乱。截渗墙墙体基本完整,均匀性稍差。

(4)K189＋466～K189＋516段:该剖面段墙底反射明显,同相轴连续。截渗墙墙体完整,均匀性较好。

各剖面雷达影像图和实测波形图见图6-29～图6-32。

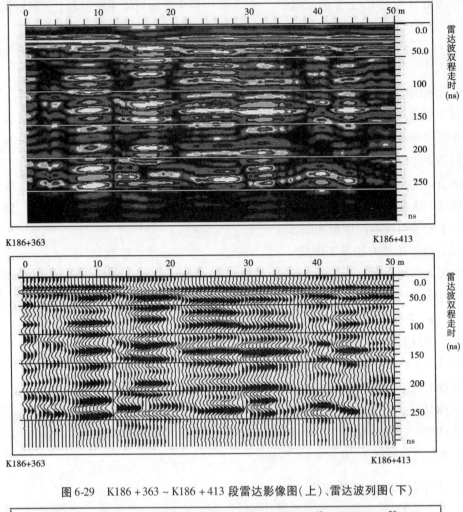

图 6-29　K186 + 363 ～ K186 + 413 段雷达影像图（上）、雷达波列图（下）

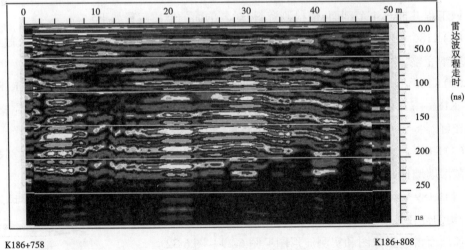

图 6-30　K186 + 758 ～ K186 + 808 段雷达影像图（上）、雷达波列图（下）

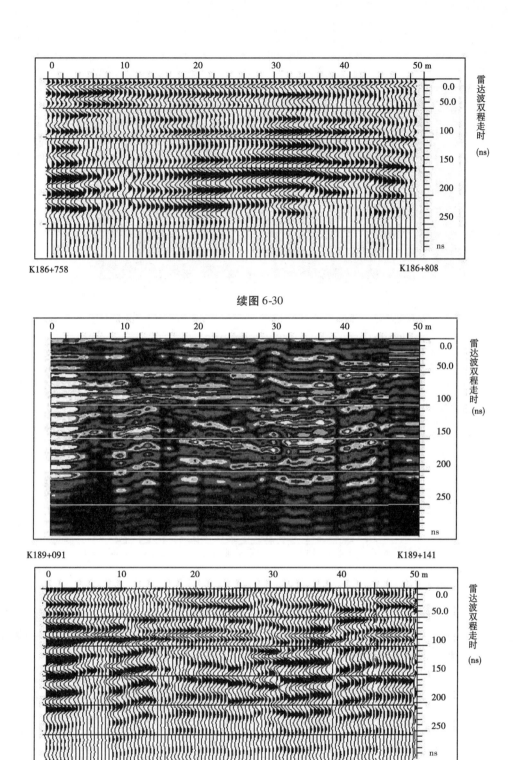

续图 6-30

图 6-31　K189 + 091 ~ K189 + 141 段雷达影像图（上）、雷达波列图（下）

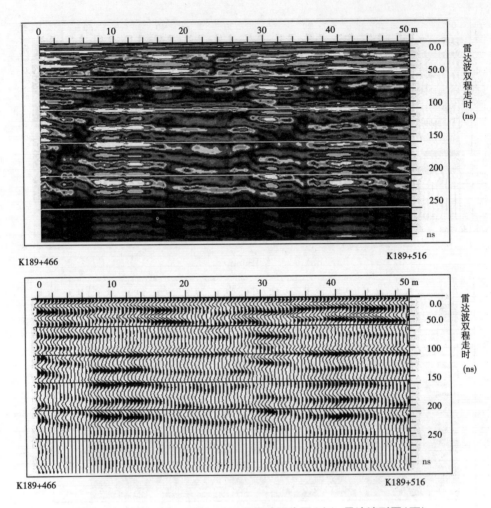

图 6-32 　 K189 + 466 ~ K189 + 516 段雷达影像图（上）、雷达波列图（下）

五、结论

该工程共抽测 4 个剖面,分别为 K186 + 363 ~ K186 + 413 段、K186 + 758 ~ K186 + 808 段、K189 + 091 ~ K189 + 141 段、K189 + 466 ~ K189 + 516 段,剖面总长度 200 m。依检测资料,该工程 4 段截渗墙墙体均较完整,未发现墙体不连续现象。

第六节　 库岸山体集中渗漏通道探测

一、概述

黄河小浪底水利枢纽左岸山体 2 号排水洞,地下厂房 28 号、30 号排水洞,特别是 2 号排水洞 U - 28 ~ U - 36 号排水顶孔中的 6 个孔、30 号排水洞右侧底孔,当库水位超过 235 m 高程时,以上部位的渗水量迅速增加,其后随着库水位升高渗水量也随之增大。为了查找集中渗水带,为下一步帷幕补强及处理提供依据,小浪底水利枢纽建设管理局邀请了中国科学院地质与地球物理研究所、河海大学和黄河勘测规划设计有限公司物探总队三个单位提出了探测技术方案,并决定用地球物理和同位素示踪法查找集中渗漏通道。

二、探测区工程地质及水文地质条件

(一)工程地质条件

溢洪道以北探测区内,地面高程约281 m。左岸山体由于上游风雨沟及下游翁沟、葱沟的切割,形成了自坝肩到桐树岭村北的单薄山脊,其中275 m高程的山体厚度有80～100 m。左坝肩上游的风雨沟提供了布置导流、泄洪、引水隧洞进口的有利地形。

探测区内出露地层为刘家沟组 T_1^1～T_1^5 岩组地层,该岩组地层以硬岩为主,岩石饱和抗压强度都在60 MPa以上,T_1^{3-1}、T_1^4、T_1^{5-2} 岩组中岩石饱和抗压强度大于100 MPa的占整个统计岩性层85%以上,它们是左岸山体三个主要透水岩层。

(二)水文地质条件

1. 主要构造

影响枢纽区左岸水文地质条件的主要断层为 F_{28}、F_{461}。F_{28} 走向45°～55°、倾向NW、倾角85°、断距300 m、断层带4～6 m、影响带20～30 m,F_{461} 走向310°、倾向NE、倾角80°～88°、断距300 m、断层带4～6 m。

2. 节理

枢纽区内岩体主要发育四组构造节理:①走向270°～290°,倾向S～SW,倾角80°～88°;②走向340°～350°,倾向SW,倾角78°～82°;③走向10°～20°,倾向SE或NW,倾角80°;④走向60°～70°,倾向SE或NW,倾角80°。

节理发育的主要特征为:①在某一个地段,实际同时发育的节理主要为两组(或一对"X");②多数节理只发育在一个单层内,且与单层厚度有明显的相关性,节理间距与层厚之比一般为0.5∶1～5∶1;③节理一般都近于垂直层面,由于岩层倾角一般小于10°,所以节理倾角多在80°以上。

节理连通性:节理的连通性是指沿走向和切层两个方向上的连通性。从左岸 T_1^{3-1}～T_1^{5-3} 地层节理连通率分层统计结果可以明显看出,主要透水岩层 T_1^4 中走向285°(上、下游方向)的一组线连通率最高,范围值33%～65%,平均47%,其余各岩组的节理线连通率平均值为6%～36%。

3. 渗漏特征

根据枢纽区的水文地质条件,枢纽区的渗漏表现为以下三个特征:①层状透水:是指沿透水岩层产生的渗漏,主要透水岩层左岸为 T_1^{3-1}、T_1^4、T_1^{5-2}、T_1^{5-3};②带状透水:是指沿断层及其两侧影响带产生的渗漏。由于主要构造均呈上、下游方向展布,故沿断层带及两侧影响带形成了明显的渗流通道,这一特征尚末明显表现出来;③壳状透水:是指沿岩体表部风化卸荷带形成的渗漏。

三、左岸山体帷幕灌浆及补强灌浆情况

根据大坝基础、两岸山体的水文地质分区和基岩特性,灌浆帷幕布置大体可分为四个

区段。其中,左岸岸坡段除布置一排主帷幕外,还在其两侧各布置一排副帷幕。副帷幕孔距 2 m,桩号 DG0 + 232.94 ~ DG0 + 20,孔深 25 m;桩号 DG0 + 200.00 ~ DG0 + 0.00,孔深 15 m,桩号 DG0 + 232.94 ~ DG0 + 200.00,帷幕底高程为 60 m,其以左逐渐升到高程 130 m,最大灌浆深度达 150 m。左岸桩号 DG0 - 347.89 以左山体,帷幕灌浆为单排孔,孔距 2 m。除地下厂房一段幕底高程为 140 m 外,向左幕底高程逐渐抬高至 210 m。水库蓄水后由于两岸产生较大的渗漏,故对左右两岸的帷幕实施了补强灌浆并对左岸山梁实施了帷幕灌浆。在 4 号灌浆洞左端以南,帷幕底高程由 130 m 加深到 90 m,以封堵 T_1^{3-1} 透水岩层;4 号灌浆洞以北至 F_{28} 断层间,考虑到库底已抬高且远离地下厂房及施工的难度,故帷幕底高程抬高至 125 ~ 135 m,以封堵主要透水岩层 T_1^4;F_{28} 断层以北为 T_1^7 黏土岩层,帷幕为一排孔,以封堵岩体上部风化壳,幕底高程不变,仍为 240 m。

四、地球物理探测的目的及方法的选择

为了进一步分析原因,为工程处理提供技术支持,针对地下厂房排水洞渗水异常情况,进行了地球物理探测,其主要目的是:探测地下厂房上游山体防渗帷幕及上下岩体相关部分渗水裂隙分布情况或断层破碎带的分布情况,确定集中渗水带范围、位置、高程及走向。

根据探测目的,原计划采用地面探测与地下探测相结合的方法,地面探测工作采用瞬变电磁方法,地下探测可利用不同高程的灌浆洞或排水洞作为物探工作面,采用地震波 CT 技术或无线电波坑道透视法进行探测。

五、资料解释

资料的解释工作是在地球物理特征的基础上进行的,表现在瞬变电磁法成果图上有如下特征:

基岩中裂隙发育较集中时,电磁波的能量衰减加大,干扰加强,地层的导电性明显减弱,电导率增大,但是当裂隙区充满水后,导电性加强,表现为局部的低电位高电阻异常或高电位低电阻异常。

瞬变电磁资料主要是绘制等级断面图,它是利用计算机对视电阻率进行数理统计处理后划分出等级强度的断面图,打印成黑白图像时,称为灰阶图,打印成彩色图像时,称为色谱图。该图简明形象地绘制了地电剖面的结构与分布形态,直观明了。

图像特征:当岩体均匀无裂隙时,图像成层分布,视电阻率等级变化从地表(坝顶)向下呈降低趋势,表明浅部干燥,风化严重密实度小,下部密实度增加,基岩完整。当岩体存在裂隙时,图像中层状特征遭到破坏,出现条带状或椭圆形高阻色块,使得某些层位被错开、拉伸发生畸变。如果这些裂隙充水,将表现为低阻带。

六、成果分析

根据反演定量图件($\rho_\tau \sim h_\tau$)拟断面色谱图,对探测成果作如下分析:

I 剖面:该剖面位于灌浆帷幕线上游,勘探深度范围高程为 250 ~ 70 m,从上到下电阻率由大逐渐变小,说明上部基岩干燥或充水量较少,风化较严重,密实度小。高程 200

m 以上,视电阻率明显偏大,但基本上呈现一种层状递减规律,说明基岩干燥或充水量少,没有形成集中渗水带,但局部存在高阻块,为基岩裂隙带,随着库水位的升高,有可能形成渗水带;高程 200~150 m,视电阻率层状递减规律已遭破坏,局部视电阻率偏低,形成充水带,说明基岩裂隙较发育,充水较为集中;高程 150 m 以下,层状递减规律遭受破坏,视电阻率明显降低,形成一个条形低阻带,局部范围存在低阻圈即充水裂隙带,中心位置及中心高程分别为:桩号 5 m,高程 167.5 m;桩号 110 m,高程 127.5 m;桩号 150 m,高程 122.5 m;桩号 290 m,高程 132.5 m。值得说明的是,桩号 250~400 m,为副坝迎水坡,高程 200 m 以上,与其他测段相比,视电阻率大,说明人工堆石体与天然基岩相比,密实度小;另外从等值线趋势来看,桩号 390~410 m,有一条形高阻带,并且自上而下视电阻率逐渐变低,分析应为一条自上而下逐渐充水的断层破碎带,中心桩号 400 m,中心高程 165 m(见图 6-33)。

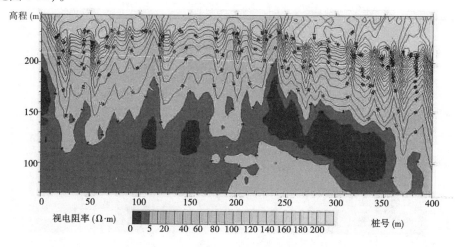

图 6-33　瞬变电磁 I 测线视电阻率拟断面图

　　II 剖面:该剖面位于灌浆帷幕线附近,勘探深度范围高程 250~50 m。桩号 0~350 m,高程 250~170 m,视电阻率由大变小,呈现一种层状递减规律,说明基岩基本完整,帷幕灌浆效果较好;在高程 170~100 m,视电阻率层状递减规律已遭破坏,视电阻率明显降低,形成一个条形低阻带,局部范围存在低阻圈即充水裂隙带,中心位置及中心高程分别为:桩号 5 m,高程 145 m;桩号 35 m,高程 132.5 m;桩号 107 m,高程 122.5 m;桩号 182 m,高程 125 m;桩号 255 m,高程 140 m;桩号 313 m,高程 115 m。桩号 350~380 m,有一条形高阻带,并且自上而下视电阻率逐渐变低,分析应为一条自上而下逐渐充水的断层破碎带,中心桩号 365 m,中心高程 162.5 m(见图 6-34)。

　　III 剖面:该剖面位于灌浆帷幕线下游,勘探深度范围高程 250~100 m。桩号 0~330 m,高程 250~170 m,视电阻率由大变小,呈现一种层状递减规律,说明基岩基本完整,帷幕灌浆效果较好;在高程 170~100 m,视电阻率层状递减规律已遭破坏,视电阻率明显降低,形成一个条形低阻带,局部范围存在低阻圈即充水裂隙带中心位置及中心高程分别为:桩号 4 m,高程 139 m;桩号 100 m,高程 131 m;桩号 230 m,高程 126.5 m;桩号 308 m,高程 122.5 m。桩号 340~360 m,有一条形高阻带,并且自上而下视电阻率逐渐变低,分

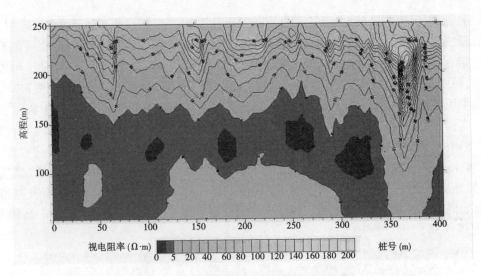

图6-34 瞬变电磁Ⅱ测线视电阻率拟断面图

析应为一条自上而下逐渐充水的断层破碎带,中心桩号350 m,中心高程175 m(见图6-35)。

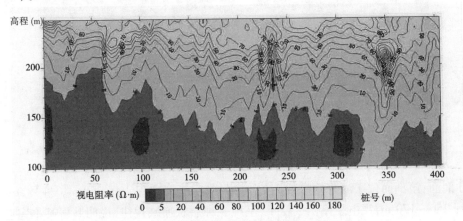

图6-35 瞬变电磁Ⅲ测线视电阻率拟断面图

三个剖面的探测结果,即各剖面集中渗水带范围详见表6-3。

表6-3 各剖面集中渗水带范围

剖面编号	起止桩号(m)	中心桩号(m)	起止高程(m)	中心高程(m)
Ⅰ	0~10	5	195~140	167.5
	100~120	110	145~110	127.5
	140~160	150	140~105	122.5
	230~350	290	190~75	132.5
	390~410	400	220~110	165

剖面编号	起止桩号(m)	中心桩号(m)	起止高程(m)	中心高程(m)
Ⅱ	0 ~ 10	5	170 ~ 120	145
	30 ~ 40	35	140 ~ 125	132.5
	97 ~ 117	107	135 ~ 110	122.5
	173 ~ 190	182	140 ~ 110	125
	240 ~ 270	255	160 ~ 120	140
	295 ~ 330	313	138 ~ 92	115
	350 ~ 380	365	220 ~ 105	162.5
Ⅲ	0 ~ 8	4	165 ~ 113	139
	92 ~ 108	100	150 ~ 112	131
	220 ~ 240	230	135 ~ 118	126.5
	295 ~ 320	308	135 ~ 110	122.5
	340 ~ 360	350	220 ~ 130	175

七、结论

综合三个剖面的探测结果,对可能形成的集中渗漏通道作如下结论:

TD1:Ⅰ剖面的 0 ~ 10 m,Ⅱ剖面的 0 ~ 10 m,Ⅲ剖面的 0 ~ 8 m 形成一条宽度 8 ~ 10 m,中心高程 167.5 ~ 139 m 的集中渗水通道,走向与帷幕轴线近似垂直。

TD2:Ⅰ剖面的 100 ~ 120 m,Ⅲ剖面的 97 ~ 117 m,Ⅲ剖面的 92 ~ 108 m,形成了一条宽度 16 ~ 20 m,中心高程 127.5 ~ 131 m 的集中渗漏通道,走向与帷幕轴线成 110°。

TD3:Ⅰ剖面的 265 ~ 295 m,Ⅱ剖面的 240 ~ 270 m,Ⅲ剖面的 220 ~ 240 m,形成一条宽度 20 ~ 30 m,中心高程 132.5 ~ 126.5 m 的集中渗漏通道,走向与帷幕轴线成 140°。

TD4:Ⅰ剖面的 295 ~ 330 m,Ⅱ剖面的 295 ~ 330 m,Ⅲ剖面的 295 ~ 320 m 形成一条宽度 25 ~ 35 m,中心高程 132.5 ~ 122.5 m 的集中渗漏通道,走向与帷幕轴线近似垂直。

TD5:Ⅰ剖面的 370 ~ 410 m,Ⅱ剖面的 350 ~ 380 m,Ⅲ剖面的 340 ~ 360 m,形成一条宽度 20 ~ 40 m,高程 220 ~ 130 m 延伸的断层集中渗漏通道,走向与帷幕轴线成 120°。

各集中渗漏通道范围及走向详见图 6-36。

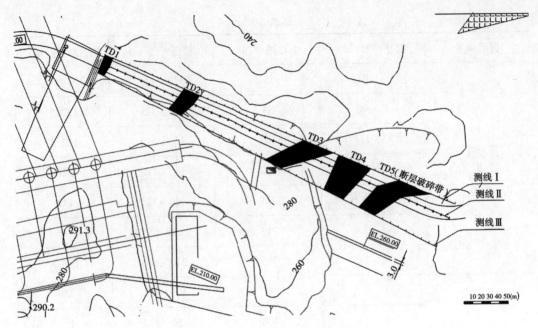

图 6-36　各集中渗漏通道范围及走向

第七章　防渗除险加固实例

第一节　云南昭通放羊冲水库除险加固初步设计

一、工程现状概述

放羊冲水库位于昭通市东北方向,距市区12 km,距箐门水库2 km,系金沙江流域横江支流利济河,属于箐门水库灌区供水的辅助水利工程,坝址以上控制径流面积2.66 km²。水库地理位置东经103°47′57″、北纬27°44′24″,库区海拔2 160～2 300 m,高于昭通市昭阳区城市约1 950 m,水库距昭通火车站仅8 km;内昆铁路和213国道从水库下游通过。

放羊冲水库于1957年2月动工兴建,1958年10月建成。水库总库容129.8万m³,兴利库容88.0万m³,调洪库容13.8万m³,死库容3万m³。正常运用洪水(设计洪水$P=3.33\%$)标准为30年一遇,非常运用洪水(校核洪水$P=0.33\%$)标准为300年一遇,近期非常运用洪水($P=0.5\%$)为200年一遇。水库正常蓄水位2 155.0 m,设计洪水位2 155.05 m(本次复核值),校核洪水位2 156.26 m(本次复核值),死水位2 141.0 m,汛限水位2 153.0 m。水库工程规模为小(1)型,工程等别为Ⅳ等,其主要建筑物级别为4级、次要建筑物为5级。

放羊冲水库是一座以灌溉为主,并兼顾村镇供水及下游防洪的综合性水库。水库距箐门水库2 km,属箐门水库灌区用水的辅助工程,主要灌区为北闸镇、太平乡共0.86万亩农田,供应集镇上万人的生产生活用水,同时还担负着保障下游火车站(距离水库约8 km)、内昆铁路3 km(距离水库约3.8 km)、213国道0.3 km(距离水库约13 km)及昭阳区县城(距离水库约12 km)上万人民生命财产安全的防洪任务。

根据1/400万《中国地震动参数区划图》(GB 18306—2001),水库工程区域地震动峰值加速度为0.10g,地震反应谱特征周期为0.45 s,所对应的地震基本烈度为7度,建筑物按7度地震设防。目前枢纽建筑主要包括:大坝、输泄水涵洞及管理所等。大坝坝型为碾压式均质土坝,现状最大坝高25.6 m,坝顶高程2 161.56 m,坝顶长140 m,坝顶宽2.5 m,坝底最大宽度137 m。上游坝坡坡比:高程2 161.56～2 158.83 m为1:1.654,高程2 158.83 m以下为1:2.228;下游坝坡坡比:高程2 161.56～2 153.33 m为1:1.417,高程2 153.33～2 146.00 m为1:1.918,高程2 146.00 m以下为1:1.5。坝后设10.00 m高的排水棱体。

二、大坝加固方案

放羊冲水库为特定历史条件下的产物,现坝体存在较多的质量缺陷。主要表现为上游护坡破坏、下游无护坡、坝体填土干密度较小、坝体防渗性能较差、坝基渗漏严重、坝顶宽度小、不满足设计要求等问题。但大坝需要解决的主要问题是渗漏稳定问题。为了保证大坝的安全,应尽可能大的降低坝体内浸润线,封堵坝基渗漏通道,针对主坝在此考虑了以下四种防渗方案:

(1)坝体采用复合土工膜、基础采用高压定喷桩防渗方案。

该方案简称方案一。结合上游护坡改建,拆除原干砌石护坡,坡面整平后铺设两布一膜复合土工膜,复合土工膜铺设到2 145.0 m高程,此高程以下采用高压定喷桩作为坝基防渗,顶部与复合土工膜连接,底部嵌入基岩1 m。

(2)坝体、坝基均采用复合土工膜防渗方案。

该方案简称方案二。结合上游护坡改建,拆除原干砌石护坡,坡面整平后铺设两布一膜复合土工膜,直至基础8 m厚的第四系洪积黏土加碎石层以下1 m。

(3)坝体采用充填灌浆、坝基和两坝肩采用帷幕灌浆的防渗方案。

该方案简称方案三。坝体和坝基洪积黏土夹砾石采用黏土充填灌浆,即在坝顶向下钻孔灌注黏土浆,直至岩石。为了防止两坝头和坝肩绕渗,在两岸做帷幕灌浆。

(4)坝体采用40 cm厚混凝土防渗墙、坝基和两坝肩采用帷幕灌浆的防渗方案。

该方案简称方案四。坝体和坝基洪积黏土夹砾石采用混凝土防渗墙,即在坝顶向下做槽孔混凝土防渗墙,直至岩石。为了防止两坝头和坝肩绕渗,在两岸做帷幕灌浆。

上述加固方案中,方案一与方案二均是采用在上游坝面铺设复合土工膜的方案,区别是方案二的坝基防渗也是复合土工防渗的方案。坝基采用复合土工膜要挖除基础8 m左右的覆盖层和坝前淤泥,且施工期要修高于输水涵洞底板高程的围堰,基坑排水和开挖工程量及工作实施难度均很大。相比之下,坝基采用高压定喷防渗墙便于实施,且工程投资相对较小,所以以方案一为优。

方案三和方案四是属于在坝体中央进行防渗处理的方案,这两个方案的优点是不必为坝体防渗处理修建施工期围堰。采用这类加固方法,工程投入运用后,防渗心墙上游的坝体在长时间的高水位下,坝体处于饱和状态,坝体浸润线高,对水位降落工况下的坝坡稳定十分不利。尤其在现坝体压实度仅有77.19% ~ 84.7%的情况下,加固工程完成投入后的上游坝体的变形极可能引起坝体裂缝,危及大坝安全。

方案三坝体采用充填灌浆,浆液采用与坝体材料近似的黏土浆,可以充填坝体内裂隙或洞穴,恢复坝体的完整性,堵塞渗漏通道,改善坝体内的应力条件。但由于充填灌浆是利用浆液的自重进行的灌浆,仅可解决灌浆孔附近的裂隙,不能解决整个坝体的密实度,一般要根据坝体存在的问题,布置多排灌浆孔。本次设计根据2007年12月29日审查专家意见,充填灌浆孔布置一排,轴线与坝轴线一致,孔距1.5 m。采用此方案,大坝加固工程投资为2 166万元,比推荐方案投资高11万元。根据审查意见要求,此方案作为比较方案。

方案四坝体采用40 cm厚混凝土防渗墙,可以彻底解决坝体渗漏问题,但施工平台需要12 ~ 15 m,且混凝土防渗墙单价较高,大坝加固工程投资为368.3万元,比推荐方案投资高162.9万元,故不推荐此方案。

复合土工膜具有适应变形能力强、防渗性能好的特点,而且在近几年的病险水库加固处理中得到了广泛的应用,施工工艺成熟。因此,选用适应坝体变形的坝体土工膜、坝基高压定喷桩防渗方案,即方案一为推荐方案。

　　根据以往的工程经验,采用方案一需要注意的问题是,复合土工膜采购时一定要从正规的生产厂家进货,施工时应由专门技术人员进行复合土工膜之间的连接施工。

三、防渗设计方案

　　结合上游护坡改建,拆除原干砌石护坡,坡面整平后铺设两布一膜复合土工膜,以防止随着水库运用水位升高后,坝体浸润线升高引起坝体新的变形,导致沿坝体裂缝可能产生的集中渗漏。

　　由于水库仅有现输水涵洞泄洪,考虑施工期采用其泄洪,复合土工膜和高压定喷桩施工均应高于输水涵洞进口底板高程,确定为 2 145.0 m。复合土工膜从坝顶铺设到 2 145.0 m 高程,此高程以下采用高压定喷桩作为坝基防渗,顶部与复合土工膜连接,底部嵌入基岩 1 m。高压定喷桩防渗,孔距 1.2 m,墙体最小厚度 0.1 m。复合土工膜顶部与坝顶上游挖槽埋在土中,与输水涵洞混凝土采用锚固连接,底部无定喷墙段挖槽埋在土中,与定喷墙连接采用挖平墙顶,土工膜铺到墙顶,上部浇筑 30 cm 厚的混凝土,保证定喷墙与土工膜的连接可靠。

　　左岸基岩裸露的,采用喷混凝土减少渗漏量,喷混凝土厚 0.05 m,喷混凝土前,应对岩石边坡上的浮土、悬石和风化剥落层进行清除;右岸为第四系洪积黏土加碎石层,将表面植物、腐殖质清除,基础整平,铺设复合土工膜以延长渗径,解决两岸绕渗问题。喷混凝土范围和铺设复合土工膜范围均按 1 倍的坝高考虑,为 30 m,以延长两岸渗径,减小两岸绕渗。

第二节　济南卧虎山水库除险加固初步设计

一、工程概况

(一)工程地理位置及其重要性

　　卧虎山水库位于济南市历城区仲宫镇境内,锦绣川、锦阳川、锦云川三川汇流处的玉符河上游,是一座集防洪、灌溉和城市供水功能为一体的大型水库,属黄河水系。水库流域面积 557 km^2,流域内有中型水库 1 座、小型水库 23 座,塘坝 42 座。水库下游沿玉符河距津浦铁路为 16 km,距黄河入口处 44.5 km,距济南市区 25 km,位置非常重要。卧虎山水库的防汛任务主要是保济南市、津浦铁路、黄河、京福高速公路、104 国道以及玉符河沿岸村庄。玉符河是济南西部一条较大的季节性河流,流经济南市历城、长清、市中、槐荫四区,于槐荫区吴家铺北店子村汇入黄河。其中,津浦铁路大桥距水库 16 km,济徽公路桥、京福高速公路距水库 17.2 km,济长公路桥距水库 32.6 km,水库到北店子黄河入口处为 44.5 km,沿河威胁济南市安全的长度为 40 km。

　　水库大坝海拔为 139.50 m(1956 年黄海高程系,下同),正常蓄水位 130.5m,而济南市区西部大部分地区地面高程为 30~50 m。在水库影响范围内居住人口上百万,良田上百万亩,重点厂矿企业 10 余个(中国重汽集团、山水集团等),军用机场一座,并且是济南市重要的物流中心。根据济南市城市总体规划,西部将建设现代化新城区,玉符河将成为连接西部新城、长清片区的纽带。可见,卧虎山水库是济南市十分重要的水利设施。

玉符河通过下游的睦里闸同小清河连接,而小清河是整个济南市最重要的排水河道。如果洪水进入小清河,必将沿小清河危及更广大的地区。如果洪水进入黄河,受黄河水的顶托,威胁黄河大堤的安全,因此如果卧虎山水库发生溃坝,后果将不堪设想。

(二)水库枢纽工程概况

卧虎山水库坝址两端均为高山,坝轴线方向为 N42°E,库底河床比降约 1:200。枢纽建筑主要包括:大坝、溢洪道及放水洞等。

大坝为黏土宽心墙土石混合坝,最大坝高约 37.0 m,坝顶宽 8.75 m,坝顶高程 139.5 m,上游坡坡比 1:2.28～1:3.5,下游坡坡比 1:1.90～1:2.75,大坝总长 985.0 m,大坝坝基为砂层,厚 3.0～12.2 m,坝下齿槽宽 10 m,部分坝段宽 3.0 m,其下为寒武系页岩。

放水洞于 1960 年建成,全长 188.0 m,放水洞采用浆砌石城门洞形廊道,廊道宽 2.66 m,高 3.0 m,拱圈半径 1.33 m;内置混凝土管,混凝土管内径为 1.5 m,混凝土管外径为 2.54 m。进口底高程 108.0 m,出口底高程为 105.38 m。在上游坝肩设有一竖井,内径 2.5 m,内设 1.5 m×1.8 m 平板钢闸门。最大流量为 9 m^3/s。

溢洪道位于水库左岸,为坝肩式溢洪道,全长 242.12 m,其中闸前铺盖长 33.50 m,泄槽段长 129.5 m,宽 78 m,纵坡坡降 1/100,泄槽末端接消能工,消能工为连续式挑坎。现状溢洪闸为 1976 年在拆除原溢洪闸后新建的,为开敞式钢筋混凝土结构,共 5 孔,总净宽 70 m,每孔宽 14 m,闸室总长 28 m,最大墩高 24.78 m,闸底板高程 118.3 m,门槽处设一低驼峰堰,堰顶高程 121.0 m,闸门为弧形钢闸门,尺寸 14 m×11 m,闸室两侧设桥头堡。上游翼墙为衡重式 100 号浆砌石挡墙,墙顶高程 139.5 m。

二、多年运行情况

卧虎山水库 1958 年开工,其间经过数次改建、扩建,水库已运行多年,现坝体存在较多的质量缺陷。主要表现为上游护坡破坏及稳定性不足、坝体填筑质量差、坝体防渗性能较差、坝基渗漏严重、右坝肩绕渗、存在坝基砂土液化的可能性等。现将坝体运行中出现的问题以及以往的处理情况简单描述如下:

(1)坝顶横向裂缝:1960 年 10 月发现 K0+150 处坝顶横向裂缝 1 条,长 20 m,宽 10 mm。处理方法:开槽至质量好的土层,重新回填夯实。

(2)坝顶纵向裂缝:1964 年 7 月发现坝的前肩、后肩和坝顶中心产生纵向裂缝,共计 11 条,缝宽 0.8～8 mm 不等。1969 年 8 月又发现 K0+380～K0+428 范围内,坝顶中心有一处纵向裂缝,长 48 m,宽 12 mm。1971 年、1972 年对全坝进行了普通灌浆处理。

(3)坝坡渗水:据 1973 年、1974 年、1975 年观察,当库水位为 126.9 m 时,K0+040 至 K0+140 段内坝下游坡 115～123 m 高程范围内,坝下游坡普遍湿润渗水,1976 年、1977 年对 K0+090～K0+163 进行了灌浆处理,但处理后仍发现有渗流现象。

(4)坝合龙段坝基漏水:自 1960 年 5 月合龙之后,便发现在原河道段内有漏水现象,漏水流量约 0.1 m^3/s,自 1964 年汛期库内大量淤积之后,漏水量逐步减少,1982 年 10 月

5 日,测量漏水量为 0.007 m³/s,未采取处理措施。

(5)大坝右岸页岩绕坝渗漏:1973 年、1974 年、1975 年,连续三年库内高水位(125 m 以上)在大坝北头坝的背水坡坝脚以外,即放水洞出口以外的右岸卧虎山山坡,自现放水洞以外长 50 m,高程在 107~110 m,有水从页岩层面间和节理间渗出,水位低时则无此现象,未采取处理措施。

三、当前大坝存在的主要问题

(一)坝体心墙

(1)心墙土料填筑混杂。心墙料砾石含量不均,砾石含量最高达 50%。在桩号 K0+040~K0+140 坝段,心墙中普遍夹有粉细砂薄层透镜体。

(2)坝体填筑质量较差,与规范规定的压实度最大差 13.6%。压实度高者与低者相差最大达 13%,压实不均匀,易导致内部裂缝的产生,形成集中渗漏。

(二)坝基

(1)河床坝基砂砾石覆盖层厚度一般为 4.00~8.00 m,在实际施工中,桩号 K0+140 和桩号 K0+640 等处截水槽的遗留约 0.70 m 厚砂砾石未完全清除。桩号 K0+820~K0+930 坝段实际开挖的截水槽宽度仅为 3.0 m。对于风化岩石且未进行岩面处理的情况,具有产生渗透破坏的危险。

(2)从河床中部到右岸岸坡基岩面以下 10~30 m 的岩层透水性较强,其透水率均大于规范要求的 3~5 Lu。坝下游岸坡和坝下放水埋涵直接与右岸岸坡连接一侧洞壁的渗漏点达 30 多个,其中最大渗漏点的渗漏量为 6.0 L/min。基岩渗透性较强。

四、加固方案

根据上述坝体坝基存在的主要问题,本次对大坝进行防渗处理考虑以下两种设计思路:

(1)以坝基防渗处理为主的思路,即在截水槽部位设插入心墙不小于 6 m 的高压喷射灌浆防渗墙。这种处理主要解决坝基覆盖层的渗透变形、液化和坝基岩层渗漏(包括绕坝渗漏)问题,不足之处是难以妥善解决坝体防渗安全,仍存在一定的安全隐患。考虑到卧虎山水库主要保护济南市安全的重要性,最终选用对坝体、坝基均进行防渗处理的思路。

(2)对坝体、坝基均进行防渗处理的思路,这种设计思路考虑了两种方案:①高压喷射灌浆防渗心墙方案,即利用坝顶上游 134.0 m 平台作为施工平台,在坝基截水槽中部稍靠上游部位设高压旋喷灌浆防渗墙,防渗墙顶高程为 134.00 m,防渗墙下设灌浆帷幕。②上游坝面铺设复合土工膜加坝基混凝土防渗墙方案。结合上游护坡拆除重建,在上游坝面铺设复合土工膜。复合土工膜上部至坝顶,底部至高程 115.0 m 马道,左侧与溢洪道边墙连接,右侧与右岸岸坡连接;115.0 m 平台以下的坝体和坝基覆盖层采用混凝土防渗墙处理。防渗墙下接灌浆帷幕,帷幕左端与溢洪道铺盖齿墙下的帷幕相接,右端深入坝右岸山体。

通过对大坝加固处理后坝体变形和渗漏、坝坡稳定、施工方法和工程投资等多方面比较,最终推荐上游坝面铺设复合土工膜加坝基混凝土防渗墙方案为本次大坝加固方案。

五、防渗系统设计方案比选

(一)坝体、坝基防渗的主要问题分析和处理方案的提出

卧虎山心墙土石坝经几次扩建加固至现状规模,受多种客观因素影响,现坝体存在较多的质量缺陷。针对坝体坝基防渗而言,主要表现为以下几个方面。

1. 填筑质量及沉降变形

从安全鉴定资料可以看出,大坝整体填筑质量较差,沉降变形大。

安全鉴定得到的防渗体压实度以及与《碾压式土石坝设计规范》(SL 274—2001)规定的对比偏小,从原设计和安全鉴定可知,心墙料为含砾石壤土,几个剖面检查的砾石含量最多分别为 5% ~ 10%、10% ~ 20%,有些部位含少量砾石。对于这种筑坝材料,2 级坝的设计压实度取 100% 比较合理。

实际压实度与 SL 274—2001 规定的最大差别为 13.6%,平均为 4.5% ~ 9.1%。这些统计数据表明,心墙填筑不仅压实质量差,而且不均匀。对于这样的情况,坝体容易产生裂缝。从坝竣工后沉降也可得到同样的结论。建坝后 16 年大坝坝顶累计沉降量为1 739 mm,达坝高的 4.7%,最大沉降量 2 632 mm,远远超出了不大于坝高 1% 的规定。根据已建土石坝的统计,竣工后坝体沉降量小于坝高的 1% 时,坝体不会产生裂缝;沉降量为坝高的 1% ~ 3% 时,坝体就会产生裂缝;当沉降量大于坝高的 3% 时,坝体大多会产生裂缝。实际情况正是如此,在几次改建和扩建后的运行过程中曾多次出现过多处纵横向裂缝,其中 1964 年发现较大的裂缝 12 条,总长度 389.80 m。

2. 心墙防渗料的防渗性能

心墙填筑材料为砾石土(安全鉴定文件称壤土夹砾石),不同剖面的砾石含量大多为5% ~ 10%、10% ~ 20%,也有的部位含少量砾石,桩号 K0 +640 剖面的勘察结果表明,砾石含量最高达 50%,这一数值已经达到 SL 274—2001 规定的上限值。不同部位防渗料的渗透系数为 2.30×10^{-5} ~ 60×10^{-5} cm/s,大多在 5.00×10^{-5} cm/s 以上,已经大于 SL 274—2001 规定的不大于 1.00×10^{-5} cm/s。在桩号 K0 +040 ~ K0 +140 坝段,心墙中普遍夹有粉细砂薄层透镜体。这些统计数据表明,坝体的防渗性能不满足现行规范的要求。

3. 坝基覆盖层渗透变形

河床坝基砂砾石覆盖层厚度一般为 4.00 ~ 8.00 m,左岸 II 级阶地下部砂砾石和上部黄土状壤土最大厚度大于 25.00 m。原设计采用开挖截水槽处理,设计截水槽底宽 10.0m,依此计算原设计采用的截水槽填筑土料与坝基岩石接触面的接触渗透比降为 3.15 ~3.45,在一般经验范围之内。根据安全鉴定资料,在实际施工中,桩号 K0 +140 和桩号K0 +640 等处截水槽的遗留约 0.70 m 厚砂砾石未完全清除。桩号 K0 +820 ~ K0 +930 坝段实际开挖的截水槽宽度仅为 3.0 m。按此计算的接触渗透比降达 11.5,尤其是对于风化岩石且未进行岩面处理的情况,具有造成渗透破坏的危险。

4. 基岩渗漏

从河床中右部到右岸岸坡基岩面以下 10 ~ 30 m 的岩层透水性较强。河床部位透水率达 20.66 ~ 148.80 Lu,右岸岸坡山体高程 101.50 ~ 125.50 m 的透水率达 18.08 ~

148.80 Lu,大于规范要求的 3~5 Lu。坝下游岸坡和坝下放水埋涵直接与右岸岸坡连接一侧洞壁的渗漏点达 30 多个,其中最大渗漏点的渗漏量为 6.0 L/min,也表明坝基浅层基岩渗透性较强。

从上述各项资料的分析结果可以看出,除局部渗漏比较严重外,整个坝体质量差且不均匀,坝体内部裂缝较多,心墙防渗料不满足现行规范要求。虽然以往曾先后进行过几次坝体灌浆,在一定程度上改善了心墙的防渗性能。但是,许多工程经验表明,这种灌浆对改善整个心墙质量所起的作用并不大。在灌注的泥浆浆脉逐渐排水固结过程中,固结变形仍可能形成新的裂缝。坝基覆盖层开挖过程中,有些部位截水槽未能按设计的宽度开挖,有些部位遗留有砂砾石层未能完全清除。截水槽底面与坝基岩层接触处层面未进行处理,且表层 10 多 m 的岩层透水性较大。这些问题的存在均是大坝发生渗透破坏的隐患,美国提堂坝溃决事故就是这种原因引起的。

综上所述,大坝加固设计对坝体、坝基进行防渗处理是非常必要的。

本次对大坝进行防渗处理考虑以下两种设计思路:其一,以坝基防渗处理为主的思路,这种处理主要解决坝基覆盖层的渗透变形、液化和坝基岩层渗漏(包括绕坝渗漏)问题,见下述方案一;其二,对坝体、坝基均进行防渗处理的思路,见下述方案二、方案三。

方案一:截水槽部位设插入心墙不小于 6 m 的高压喷射灌浆防渗墙。

该加固方案将坝上游坡高程 134.0 m 马道修整后作为施工平台,在坝基截水槽中部稍靠上游部位设高压旋喷灌浆防渗墙,墙底深入基岩面 1 m,墙顶设计高程定为 114.0 m,即伸入坝体壤土夹砾石心墙的高度不小于 6 m。其范围为沿全坝长度,左段从溢洪道右边墙起,右端至右岸岸坡。防渗墙下接灌浆帷幕,帷幕底伸入基岩相对不透水层 5 m。帷幕左端与溢洪道铺盖齿墙下的帷幕相接,右端深入右坝肩山体。

方案二:高压喷射灌浆防渗心墙。

该加固方案的高压喷射灌浆防渗心墙布置位置同方案一。仍是将坝上游坡高程 134.0 m 平台修整后作为施工平台,在坝基截水槽中部稍靠上游部位设高压旋喷灌浆防渗墙。防渗墙下仍为灌浆帷幕,只是防渗墙顶高程为 134.00 m,防渗墙的性质也变为防渗心墙。

方案三:上游坝面铺设复合土工膜加坝基混凝土防渗墙。

结合上游护坡拆除重建,在上游坝面铺设复合土工膜。复合土工膜上部至坝顶,底部至高程 115.0 m 马道,左侧与溢洪道边墙连接,右侧与右岸岸坡连接。115.0 m 平台以下的坝体和坝基覆盖层采用混凝土防渗处理。在靠近河床左岸与河床右岸的防渗墙下接灌浆帷幕,帷幕左端与溢洪道铺盖齿墙下的帷幕相接,右端深入坝右岸山体。坝面复合土工膜、防渗墙和灌浆帷幕紧密连接,形成完整的防渗体系。

(二)加固方案分析评价、比较与推荐

1. 方案一与方案二、三的分析评价、比较

方案一的设计思路基于以下认识:虽然心墙防渗料的渗透系数不满足规范要求,但上游坝壳除右坝段一部分采用砂砾石填筑外,主要是用砾石土(安全鉴定文件称壤土夹砾石、壤土夹页岩)填筑,渗透系数为 $2.1 \times 10^{-4} \sim 8.3 \times 10^{-5}$ cm/s。从坝体填筑材料分析可知,卧虎山水库大坝虽然名曰宽心墙土石坝,实际上是半均质坝。从这种认识出发,认为

渗透系数为 $2.1 \times 10^{-4} \sim 8.3 \times 10^{-5}$ cm/s,基本满足现行规范对防渗料渗透系数的要求。况且在多次扩建过程中和扩建后的运行中,进行了四次坝体灌浆,坝体防渗性能得到一定的改善。但是按这种处理思路提出的方案一不足之处是难以妥善解决坝体防渗安全问题,仍存在一定的安全隐患。

从上述坝体质量情况和分析可知,坝体填筑质量差且很不均匀,坝体灌浆也仅仅是改善了坝轴线两侧附近的防渗料的防渗性能,对坝体变形性能的改善并不显著。工程投入运行后,对于压实度仅有 88% ~94.9% 的现坝体,加固工程完成投入正常运用,浸润线随库水位升高而抬高,浸润饱和的上游坝体仍会产生较大的变形,极可能引起新的坝体裂缝,危及大坝安全。

考虑到方案一仍存在一定的问题,同时考虑到本工程的安全直接影响到济南市、津浦铁路、黄河、京福高速公路、104 国道以及玉符河沿岸村庄的安全,因此提出了对坝体、坝基均进行防渗加固措施,即方案二和方案三,其目的是进一步解决方案一未能解决的问题。两个防渗处理方案的共同特点是防渗加固处理后,坝基、坝体能形成完整的防渗体系。

2. 方案二与方案三的分析评价、比较

方案二与方案三两种防渗加固方案有诸多的不同技术特点,解决问题的程度、大坝安全等仍有不同,分析比较如下。

1) 坝体变形和渗漏

对于黏性土坝体而言,坝体的变形主要为压缩变形和固结变形。在坝体竣工后,坝体压缩变形大部分已完成,即使碾压质量差的坝体,投入运用后增加的水荷载而产生的压缩变形也不大。但竣工后坝体的固结变形并未完成,对于像卧虎山心墙和上游坝壳,填筑质量比较差且又非常不均匀的情况,在高水位下的浸润线升高引起的坝体变形仍会较大。当坝体发生裂缝时,对大坝安全有较大的威胁。根据运行管理资料,水库运行至今,所经历的最高水位仅为 129.73 m,而常水位在 123.0 ~ 126.0 m 范围变化。可以预计当正常蓄水位为 130.50 m 时,坝体仍会产生较大的变形。

在上游坝面铺设复合土工膜,坝体浸润线会大大降低,即使水位上升到正常蓄水位 130.50 m,也不会再产生明显的固结变形。中央高压喷射灌浆防渗心墙的渗透系数远远小于砾石土,且防渗心墙上游的坝体浸润线基本与长期作用的水位持平,明显高于现状最高的浸润线,现状最高浸润线与加固后坝体浸润线之间的坝体将因坝体饱和产生新的较大变形。由于坝体填筑质量差且不均匀,很可能产生新的裂缝,对坝体安全不利。

2) 坝坡稳定

防渗心墙可有效封堵坝体和坝基渗漏通道,心墙下游浸润线会明显降低。但心墙上游的坝体浸润线基本与长期作用的库水位持平,这将对坝体上游坡水位降落情况下的坝坡稳定十分不利。当坝体填筑质量较差时,往往会产生滑坡。卧虎山心墙土石坝的心墙和上游坝壳填筑质量均比较差,选用中央高压喷射灌浆防渗心墙对上游坝坡产生滑动的概率较大。在上游坝面铺设复合土工膜,膜下游的坝体浸润线很低,上游坝坡稳定基本不受水位降落的影响。

3）施工

复合土工膜铺设、土工膜两幅之间的连接和土工膜与周边的连接，以及槽孔混凝土防渗墙等施工技术均比较成熟，因此 SL 274—2001 将复合土工膜防渗纳入规范。目前，复合土工膜在国内外坝工、渠系防渗系统中广泛应用，国内外工程长期运行情况表明，复合土工膜适应变形能力较强，防渗性能好，最近一些年的土坝除险加固应用比较广泛。尽管高压喷射灌浆防渗墙施工技术也比较成熟，但是不同墙段之间连接的可靠性仍不能令人十分放心。这也是最终未将高压喷射灌浆防渗墙纳入 SL 274—2001 的原因之一。

3.最终防渗加固方案的确定

翻阅所有的安全鉴定资料和业主提供的原设计、竣工资料，没有看到心墙下游是否设置反滤层的内容。心墙下游与下游坝壳之间填筑的为砂砾石，但未看到对砂砾石级配的任何描述，心墙与砂砾石之间、砂砾石与下游页岩堆石之间是否满足反滤要求，不得而知。对于分区土石坝而言，下游反滤层对坝的渗透稳定安全起着至关重要的作用。因此，大坝的防渗加固也需要更为稳妥的方案。

从上述分析比较可知，采用方案一的防渗加固措施对坝体、坝基的防渗安全没有明显的改观，是不能令人放心的。对方案二、方案三的比较可以得出结论，结合上游护坡拆除重建，在上游坝面铺设复合土工膜，下部分坝体和坝基采用混凝土防渗墙处理是可行的和合理的。

根据以上分析，从技术、经济、施工方面并主要考虑大坝除险加固后的效果，推荐方案三，即采用坝体上游坡铺复合土工膜、坝基采用混凝土防渗墙、基岩采用帷幕灌浆这一综合处理的方案。

对于防渗墙形式，比较了墙厚 0.40 m 高压旋喷墙和 0.60 m 槽孔墙两种形式，两种形式防渗墙投资相差不大，其中墙厚 0.40 m 高压旋喷墙投资略高于 0.60 m 槽孔墙的投资。

由地质资料及筑坝材料可知，坝基土及坝基面至 115 m 高程大部分为砾石土，含砾量高且粒径相对较大，在大坝合龙口处为抛填的大块石。对于这种地质条件，采用高压旋喷墙施工难度大，成墙质量难以保证。

综合分析施工难度、成墙质量及造价，本次大坝防渗墙设计最终推荐采用 0.60 m 混凝土防渗墙方案。

后　记

　　大坝渗漏是一个比较复杂的问题,基本可以分为三大类型:绕坝渗漏、坝基渗漏、坝体渗漏。前两种渗漏的结果只是对水库的功效产生不良的影响,使水库运行的效率打了折扣,减少发电量和灌溉等能用水量,对大坝本身没有太大的影响,较大量的绕坝渗漏会影响周边的地下水位,有可能威胁到周边居民建筑等的安全,但也是属于渐变的过程,小浪底配套工程西霞院反调节水库就是这样的例子。但坝体渗漏就是一种比较严重的工程质量问题了,小则水库功能严重受损,只能低水位运行,大则水库成为病险水库,影响使用乃至不重修加固就报废,特别是对于一些土石坝来说,坝体的渗漏是很严重的一件事情,值得高度重视,需要探明渗漏原因,经专家鉴定确定是否影响安全,是否需要加固处理。

　　大坝渗漏探测的方法有很多,但没有一种方法能够彻底解决一个问题,更不能解决所有的问题,需要综合考虑大坝的结构和渗漏情况,根据大坝坝体周边的情况选用合适的方法组合。选用合适的探测方法,最基本的是需要了解面前的大坝类型、防渗体系的设计情况和施工过程控制,大致了解其薄弱的环节和防渗材料的物理特性,根据现场的环境条件,选用有效的方法。

　　探测到了渗漏的原因、渗漏的空间位置,判断对整个大坝当前的影响,以及在以后一段时间的发展趋势,如果仅仅影响到了效益,那就比较这些效益和处理费用之间的关系,因为小流量的渗漏处理起来可能是比较困难的,特别是坝基或库岸等埋深较大的渗漏,处理的效果不一定好,费用还比较大。但如果是影响到了大坝安全或者库区周边居民的生活等,给下游的人民带来安全隐患,就不能仅仅考虑效益这些问题,需要利用一些处理方法进行加固处理。

　　在本文结束的同时,非常感谢本书所列参考文献的作者,还有那些做着同样工作的专家学者,感谢你们的努力和勤劳,使得我有了很好的参考和借鉴,你们为整个行业的发展做出了很大的贡献。在此同样非常感谢黄河勘测规划设计有限公司提供的渗漏探测资料和加固处理的设计资料。

　　鉴于大坝渗漏是一个复杂的问题,防渗体系牵涉包括水文、工程设计、大坝结构设计、工程地质、勘探、地球物理探测等在内的多个专业,要做到真正的探测防渗到处理渗漏是需要很多专业的配合工作。一个人的能力有限,虽然借鉴了多位先行者的成果,但难免有疏漏和不当之处,在此表示歉意,希望不吝批评指正。

参 考 文 献

[1] 中华人民共和国水利部.SL 274—2001 碾压式土石坝施工规范[S]. 北京:中国水利水电出版社,2001.

[2] 刘国兴.电法勘探原理与方法[M].北京:地质出版社,2005.

[3] 白永年,等.中国堤坝防渗加固新技术[M].北京:中国水利水电出版社,2001.

[4] 张景秀.坝基防渗与灌浆技术[M].北京:中国水利水电出版社,2002.

[5] 谭界雄,等.水库大坝加固技术[M].北京:中国水利水电出版社,2011.

[6] 中华人民共和国建设部,中华人民共和国国家质量监督检验检疫总局.GB 50367—2006 混凝土结构加固技术规范[S].北京:中国建筑工业出版社,2006.

[7] 李广超,等.小浪底西沟水库渗漏探测报告[R].郑州:黄河勘测规划设计有限公司,2010.

[8] 党雪梅,等.济南卧虎山水库除险加固初步设计报告[R].郑州:黄河勘测规划设计有限公司,2008.

[9] 党雪梅,等.云南昭通放羊冲水库除险加固初步设计报告[R].郑州:黄河勘测规划设计有限公司,2007.

[10] 李广超,等.天桥水电站围堰渗漏探测报告[R].郑州:黄河勘测规划设计有限公司,2010.

[11] 王新建,陈建生,陈亮.天然示踪法在灰土坝渗漏探测中的应用[J].水利水电科技进展,2005,25(6):67-74.

[12] Zhou Hui lin, Tian Mao, Chen Xiaoli. Feature extractionand classification of echo signal of ground penetrating radar[J]. Wuhan University Journal of Natural Sciences,2005(6):1009-1012.

[13] 孔繁友,等."流场法"在水库渗漏管涌通道探测中的应用[J].广东水利水电,2012(2):28-35.

[14] 周召梅.流场法在江垭水库坝基渗水来源勘测中的应用[J].湖南水利水电,2006(2):34-35.

[15] 谭界雄,等.声纳探测白云水电站大坝渗漏点的应用研究[J].人民长江,2012(1):36-37.